L'AQUARIUM

D'EAU DOUCE — D'EAU DE MER

CHOIX — DÉCORATION — SALUBRITÉ
PLANTES — POISSONS
REPTILES — MOLLUSQUES
INSECTES

PAR

JULES PIZZETTA

Orné de 220 Gravures

L'AQUARIUM

D'EAU DOUCE — D'EAU DE MER.

JULES PIZZETTA

L'AQUARIUM

D'EAU DOUCE — D'EAU DE MER

CHOIX — FORMES — PRÉPARATION — POPULATION
SALUBRITÉ — APPROVISIONNEMENT
PLANTES — POISSONS
REPTILES — MOLLUSQUES — CRUSTACÉS
INSECTES — INFUSOIRES

Orné de 220 Vignettes

PARIS

J. ROTHSCHILD, ÉDITEUR

LIBRAIRE DE LA SOCIÉTÉ BOTANIQUE DE FRANCE
13, RUE DES SAINTS-PÈRES, 13

1872

STRASBOURG, TYPOGRAPHIE DE G. SILBERMANN.

JARDIN ZOOLOGIQUE D'ACCLIMATATION

DU BOIS DE BOULOGNE

PARIS.

Bois de Boulogne, le 5 Novembre 1871.

Mon cher Monsieur Rothschild,

J'ai lu le livre de Monsieur Pizzetta, intitulé l'Aquarium, avec un véritable plaisir.

Si le fonds de l'ouvrage est intéressant, la forme en est heureuse par sa simplicité et sa bonhomie.

Les conseils pratiques donnés par l'auteur sont excellents et votre nouvelle publication mérite de devenir le Manuel élémentaire de tous les amateurs d'aquaria, d'aquaria d'eau douce surtout.

J'ai éprouvé un vif plaisir à parcourir en esprit, guidé par M. Pizzetta, tous ces bacs, ces aquaria grands et petits, où genre par genre, espèce par espèce, sont groupés (dans le livre) les représentants de la faune et de la flore de nos eaux.

Grâce à des publications comme celle-ci, le public pourra apprendre, en y prenant plaisir, à connaître ces êtres curieux et les mystères de leur existence.

Agréez, mon cher Monsieur Rothschild, l'assurance de mes sentiments distingués.

A. GEOFFROY SAINT-HILAIRE,
Directeur du Jardin d'acclimatation du Bois de Boulogne.

INTRODUCTION.

———

Les anciens donnaient le nom d'*Aquarium* ou d'*Aquaria* à de vastes bassins ou réservoirs dans lesquels ils conservaient et élevaient les meilleures espèces de poissons; c'étaient de véritables viviers entretenus avec un luxe prodigieux.

Aujourd'hui on réserve le nom d'*Aquarium* à des vases ou bassins remplis d'eau, où l'on conserve des plantes et des animaux aquatiques, pour le plaisir des yeux ou pour l'étude. C'est à ce double point de vue que nous traiterons de l'aquarium dans ce petit volume, laissant à d'autres l'étude plus sérieuse de la *Pisciculture*[1] et *De la Culture des Eaux*[2].

En Chine, depuis un temps immémorial, on emploie à l'ornement des jardins et des maisons, des vases de porcelaine ou de verre, dans lesquels vivent ces élégants petits Cyprins dorés, auxquels on donne communément, chez nous, le nom de *poissons rouges*, et ce goût s'est répandu en Europe avec l'introduction de ce joli poisson, c'est-à-dire depuis le commencement du dix-septième siècle.

Chacun sait que le bocal à poissons rouges est devenu chose vulgaire, et son entretien est des plus faciles, à la condition d'en changer l'eau fréquemment. Mais ce n'est pas là ce qu'on appelle un aquarium, et l'on ne se contente plus guère, aujourd'hui, du médiocre plaisir de voir tourner, sans relâche, quelques

[1] L'*Élevage artificiel des Poissons* et la pêche des principales espèces en France (sous presse); 1 vol. in-18, avec 120 Gravures, 1872. J. Rothschild, Éditeur.

[2] *La culture des plages maritimes*, par H. de la Blanchère; un volume in-18, avec 70 Gravures; relié, 2 fr. J. Rothschild, Éditeur.

poissons rouges dans un bocal, comme des chevaux dans un manége.

Grâce aux découvertes de la chimie et à l'étude de la nature, on est parvenu, dans ces derniers temps, à conserver toutes sortes d'animaux dans de petites quantités d'eau, sans avoir besoin de renouveler celle-ci ; avantage immense, et qui permet d'étudier les mœurs et l'organisation d'une foule d'animaux intéressants qui, sans cela, nous seraient à peu près inconnus.

Ce monde sous-marin, en miniature, est non-seulement un objet d'amusement et de distraction pour le simple curieux, il est pour le naturaliste un champ inépuisable d'observations neuves et intéressantes, un véritable laboratoire de zoologie et de botanique où se peuvent faire les plus belles études et les plus savantes expériences sur les êtres aquatiques.

C'est grâce à l'observation rendue facile, par les aquariums, que l'on a pu acquérir la connaissance d'une foule de particularités nouvelles, relatives aux mœurs, aux habitudes et aux fonctions physiologiques de beaucoup d'êtres, que l'œil ni la pensée n'auraient pu suivre à travers leurs humides demeures. C'est aux révélations de l'aquarium que l'on doit les curieuses découvertes de Dujardin sur la reproduction des Méduses, les remarquables études de MM. Coste et Quatrefages sur les métamorphoses des Crustacés, celles de M. Gosse sur les Actinies, et une foule d'autres travaux intéressants sur les habitants des eaux.

Le goût des aquariums s'est beaucoup propagé dans ces derniers temps. Tout le monde a pu voir et admirer les magnifiques établissements du jardin zoologique de Londres, du Collége de France, du jardin d'acclimatation du Bois de Boulogne; ce dernier surpasse en grandeur tout ce qui a été fait jusqu'à ce jour, si l'on en excepte toutefois celui qui a figuré temporairement au Champ-de-Mars, lors de l'Exposition universelle de 1867.

Mais il n'est pas donné à tout le monde d'avoir à sa disposition de grands et coûteux appareils comme ceux que nous venons de citer. Le principe suffit, et c'est aux modestes aquariums de cabinet que l'on doit les plus belles découvertes.

Aujourd'hui, un grand nombre d'amateurs ont introduit les aquariums soit dans leur appartement, soit dans leur jardin. L'aquarium de jardin est généralement un simple bassin où l'on cultive des plantes aquatiques et dans lequel on introduit subsidiairement quelques animaux, le plus souvent des poissons rouges. Tels sont ceux du Jardin-des-Plantes, où l'on a également établi des aquariums de serre chaude, dans lesquels s'épanouissent les Nymphæa, les Nelumbium des tropiques, et la splendide Victoria regia, du fleuve des Amazones.

Les aquariums d'appartement, les seuls dont nous ayons à nous occuper ici, sont naturellement portatifs et de dimensions restreintes. Bien que tout vase étanche soit propre à faire un aquarium, il doit être adapté à l'usage auquel on le destine. Il est nécessaire,

en outre, que, pour maintenir en état de
santé les animaux et les plantes qu'on y veut
conserver, l'on observe certaines conditions
d'aération, de lumière, de chaleur, que l'on
soumette, en un mot, ces êtres vivants à une
certaine hygiène nécessaire à leur existence.
Ce sont ces différentes conditions que nous
allons développer dans les chapitres suivants.

LIVRE PREMIER.

L'AQUARIUM D'EAU DOUCE.

L'AQUARIUM D'EAU DOUCE.

CHAPITRE PREMIER.

L'AQUARIUM.

Formes, dimensions, matériaux.

Tout vase pouvant contenir de l'eau, sans lui communiquer des propriétés pernicieuses, peut être converti en aquarium.

Il n'y a point de règles pour la forme et les dimensions à donner au vase; chacun peut le choisir selon son goût et ses moyens.

Plus il sera grand, plus, naturellement, il pourra contenir une population nombreuse; mais, d'autre part, comme il est principalement destiné à placer sous les yeux de l'observateur les phénomènes de la végétation au sein des eaux et les particularités du développement, de la reproduction et des mœurs des animaux aquatiques, il faut que ses dimensions ne soient pas exagérées , sinon beaucoup de détails intéressants pourraient échapper.

La matière n'y est pas non plus indifférente; car, comme l'accès de la lumière est nécessaire au bien-être des plantes et des animaux , et qu'il faut que l'on puisse observer à l'aise ses habitants, la maison doit être de verre. L'aquarium est donc pour les populations aquatiques ce que la volière est pour les oiseaux ; seulement, au lieu d'une cage de fer, c'est une cage de verre, et, au lieu d'air, c'est de l'eau.

La première condition dans la construction d'un aquarium est de l'adapter à l'usage auquel il est destiné ; le point le plus important ensuite est de lui assurer une solidité en rapport avec sa capacité ; car un aquarium de taille médiocre aura à supporter une pression considérable, aussi bien latérale que verticale ; la carcasse doit donc en être très-solidement établie , et les faces être de glace épaisse ; de simples vitres ne supporteraient pas une grande quantité d'eau, et une nuit de gelée suffirait pour les briser et entraîner la perte de la population aqua-rienne , outre le désagrément de l'inondation.

Les meilleurs aquariums de cabinet affectent géné-ralement la forme rectangulaire. Qu'on se repré-sente un bassin dont le fond est une table d'ardoise ; quatre colonnettes de fonte ou de fer soutiennent les cadres de métal, dans lesquels sont enchâssées les glaces.

Fig. 1. — Aquarium de cabinet.

Il est de la plus haute importance que le métal ne paraisse pas à l'intérieur et ne soit pas en contact avec l'eau, à moins qu'il ne soit protégé contre l'oxydation par un ciment ou un vernis inattaquable, et encore

Ce que nous avons vu de mieux en ce genre, ce sont les aquariums d'amateur construits par M. Carbonnier (quai de l'École). Rien n'égale l'élégance et la solidité de ces petits appareils, dont le prix n'est pas trop élevé : ils coûtent de 1 fr. à 1 fr. 25 c. par litre de capacité. Il y en a pour tous les goûts et pour toutes les bourses. Les plus simples ont la forme rectangulaire ; leur contenance varie depuis 10 jusqu'à 200 litres ; les plus riches sont de forme polygonale, et de leur centre s'élance un élégant jet d'eau, qui retombe en pluie fine ; excellente disposition, car l'eau en mouvement s'aère sans cesse et apporte un gage de plus à la santé des animaux. C'est non-seulement un fort joli meuble d'ornement, mais encore une source intarissable de plaisirs et d'étonnements toujours nouveaux.

On peut employer également des vases cylindriques, comme les bocaux à poissons rouges, les cloches à fromage, les cristallisoirs : mais une objection à leur emploi, au moins pour ceux qui ont un aquarium, non comme un simple meuble d'ornement, mais comme sujet d'étude, est que la courbure du verre déforme les objets par suite d'une réfraction inégale.

Le plus simple et le moins coûteux des aquariums est la cloche à melon employée par les jardiniers. J'en ai souvent fait usage. On la place renversée sur un de ces trépieds en fer employés aujourd'hui pour

Fig. 2. — Aquarium de salon.

servir de support à des miroirs en boule, ou, tout

simplement, sur un coussinet ou dans un socle en bois percé au milieu pour donner passage au bouton de verre qui termine la cloche. L'on a ainsi un aquarium assez vaste, transparent, qui ne manque pas d'une certaine élégance, et — chose non moins importante — qui ne coûte que 1 fr. 50 c. Il n'est pas jusqu'à la teinte verdâtre de son verre qui ne soit utile, en atténuant l'éclat parfois trop vif de la lumière. On peut avoir ainsi à peu de frais plusieurs réservoirs.

Un nouveau mode de construction appliqué aux aquariums, et dont j'ai vu d'excellents résultats, consiste dans l'emploi de l'argile ou terre à poterie commune, dont on fait les pots à fleurs, les tuiles etc. On modèle le fond et les deux côtés en terre, en y creusant des rainures assez profondes le long des bords pour pouvoir y introduire les glaces. Soumise au feu, la pièce y devient solide et dure comme la pierre. Les montants et les bords peuvent être modelés avec des ornements, suivant le goût du fabricant. On lute la glace avec du blanc de plomb et mieux avec du blanc de zinc, en laissant un centimètre environ de la rainure vide. Quand le blanc est suffisamment sec, on remplit ce vide de gomme laque dissoute dans du naphte et réduite en pâte avec du blanc en poudre ou de la craie. Ce mélange prend très-vite et devient dur comme la pierre; il est, en outre, imperméable. On peut d'ailleurs remplacer ce mastic par toute autre espèce de lut à froid, tel que la glu marine liquide, une dissolution de caoutchouc et de bitume mélangés en proportions à peu près égales. Le seul inconvénient qu'offrent ces réservoirs en terre cuite est leur poids considérable.

Tout aquarium dans la construction duquel entre un mastic ou un lut quelconque, doit être rempli d'eau et abandonné à lui-même pendant trois semaines ou un mois, avant qu'on y introduise aucun être vivant, afin que les matières solubles puissent s'y dissoudre complétement. L'eau devra même être changée plusieurs fois, surtout si l'on a fait usage du blanc de plomb, de la glu marine ou du ciment pour luter les joints. Cette précaution est indispensable, et l'on a souvent vu mourir en quelques heures toute la population d'un aquarium parce qu'elle avait été négligée.

CHAPITRE II.

PRÉPARATION DE L'AQUARIUM.

Fond, rocailles, eau.

Le fond de l'aquarium doit être garni d'une couche de sable de mer ou de petit gravier de rivière, semblable à celui qu'on emploie pour sabler les allées des jardins. Cette couche doit être épaisse de 4 à 5 centimètres au moins, surtout si l'on veut y faire enraciner des plantes aquatiques.

Le sable ou le gravier doit être lavé à plusieurs reprises, jusqu'à ce que l'eau reste parfaitement limpide. Le grès et le sable jaune ne peuvent être employés à cet usage; on aura beau les laver, ils troubleront toujours l'eau.

Quelques personnes garnissent le fond du bassin d'une couche de terre tourbeuse, au-dessus de laquelle elles déposent une couche de gravier, pour l'empêcher de se délayer dans l'eau. Plusieurs plantes d'eau, qui ne peuvent prendre racine dans le sable pur, s'établissent et prospèrent dans un semblable terrain; mais la terre constitue toujours un mauvais fond lorsqu'il y a des animaux. Les poissons, et surtout les tritons, lorsqu'ils changent de peau, aiment à s'y frotter, et l'eau est constamment trouble.

On peut déposer sur le fond de sable quelques coquillages ou des madrépores, qui en rendront l'aspect plus varié et plus agréable ; mais il ne faut pas abuser de ce genre d'ornementation.

Parmi les habitants d'un aquarium il en est qui ne sont pas exclusivement aquatiques ; ils respirent l'air atmosphérique et périraient asphyxiés si on les maintenait constamment sous l'eau ; tels sont, entre autres, les reptiles amphibies : Tritons, Grenouilles, et les insectes d'eau à l'état parfait. Ils viennent de temps en temps faire leur provision d'air à la surface, et aiment, surtout la nuit, à sortir de l'eau. S'ils ne peuvent le faire, ils s'épuisent en efforts inutiles en s'élançant le long des parois de glace, et portent le trouble dans l'aquarium par leurs mouvements désordonnés.

Il faut donc élever au milieu du bassin un petit refuge, où les animaux puissent grimper et se reposer. Une planchette de bois ou de liége peut remplir ce but ; mais ce radeau flottant nuit plutôt qu'il ne concourt à la décoration intérieure. Il vaut beaucoup mieux construire quelque rocaille dont le sommet s'élève au-dessus du niveau de l'eau, et qui, par sa forme un peu tourmentée et excavée, produira un effet pittoresque et offrira en même temps des abris aux animaux ; car parmi les êtres les plus intéressants du monde aquatique il en est plusieurs qui aiment à se cacher et fuient le grand jour. On peut également ment y ménager des vides assez grands pour y placer quelques plantes d'eau.

Le rocher doit naturellement être proportionné à la grandeur du bassin ; plus il sera grand, moins il y aura d'eau, et il ne faut pas perdre de vue que chaque décimètre cube de pierre tient la place d'un litre de liquide.

L'espèce de la roche y est indifférente, pourvu toutefois qu'elle soit imperméable et ne contienne aucune substance métallique oxydable ou soluble. Le granit, le grès, la meulière peuvent être employés sans inconvénient. On trouve chez les marchands d'aquariums des fragments de roches venant des bords de la mer, tout parsemés de trous et de cavités formés par les animaux perforants (Pholades, Oursins), et dont les formes très-variées, en pyramides, en arches, en voûtes, en petites grottes, produisent un effet très-agréable à l'œil.

Ce que l'on peut reprocher aux roches naturelles, c'est leur poids. Voici un moyen de construire des rocailles très-légères, tout en leur donnant la forme qu'on voudra. On prend des morceaux de coke ou de pierre ponce, et on les assemble de manière à leur donner la forme voulue au moyen d'un ciment hydraulique. Le meilleur ciment est le portland ; le ciment romain est beaucoup plus nuisible, et se comporte moins bien sous l'eau. Il faut ne délayer qu'une petite quantité de ciment à la fois et l'employer rapidement ; car il sèche vite, et, une fois sec, il se brise en morceaux. Lorsque le groupe est ter-

Fig. 3. — Rochers.

miné, on le plonge dans un bain très-clair de ciment qui en recouvre toutes les parties.

On peut encore, pour alléger le poids du groupe rocheux, prendre pour carcasse un pot à fleurs de la grandeur convenable, autour duquel on dispose des fragments de meulière. En ménageant dans ces rochers des cavités, on pourra y encastrer des pots

de petite dimension ou y placer des plantes d'ornement.

On sait que le ciment durcit sous l'eau et durcit
d'autant plus qu'il y séjourne plus longtemps ; mais
il ne faut pas immerger le massif pendant que le ciment est encore frais, car il se délaierait ; on doit le
laisser sécher pendant quelques heures avant de le
plonger dans l'eau.

Quels que soient les matériaux employés, il faut
toujours les laver avec soin avant de les mettre
dans l'aquarium ; mais si l'on a employé le ciment
à leur construction, il faut plus de précautions.
On doit alors les laisser séjourner dans l'eau assez
longtemps pour que les sels en soient complète-
ment dissous, c'est-à-dire pendant un mois environ, en ayant soin de changer l'eau au moins une
fois tous les huit jours. On perd souvent toute la
population d'un aquarium pour avoir négligé ce
soin.

La pureté de l'eau est fort importante ; elle doit
être bien aérée et dépourvue autant que possible de
matières étrangères. L'eau de rivière, de source, de
fontaine ou de pluie, en un mot toute eau bonne à
boire peut être employée après avoir été filtrée ;
mais il faut repousser l'eau des puits et celle des
mares : la première contenant une forte proportion
de sels calcaires, et la seconde des substances orga-

niques en décomposition, qui ne tarderaient pas à nuire à la santé des habitants. C'est ainsi que l'eau de puits produit un singulier effet sur le Cyprin doré : il y perd ses vives couleurs, devient d'un blanc mat et dépérit à vue d'œil ; mais replacé dans une eau pure, il reprend peu à peu sa brillante livrée.

CHAPITRE III.

POPULATION DE L'AQUARIUM.

Lois de la nature — Plantes et animaux.

Il n'est pas aussi facile qu'on pourrait le croire de posséder un aquarium prospère, dont les eaux soient constamment claires et pures, garni de plantes verdoyantes, peuplé d'animaux variés, bien portants. Il ne suffit pas, en effet, d'avoir un vase quelconque, de le remplir d'eau douce ou d'eau salée, et d'y placer pêle-mêle les animaux habitués à vivre dans l'un ou dans l'autre de ces éléments. Certaines conditions sont indispensables au bien-être et au développement des êtres vivants.

Si l'on place dans un vase rempli d'eau douce des animaux aquatiques, mollusques, crustacés ou poissons, on voit au bout de quelque temps le liquide perdre sa transparence et sa pureté ; les animaux viennent à la surface, ouvrant la bouche avec effort comme pour respirer l'air ; ils languissent et meurent bientôt dans une eau corrompue, à moins que l'on ne prenne le parti de changer fréquemment l'eau, changement qui dérange, fait souffrir et souvent même périr les animaux, et qui, d'ailleurs, est assez difficile dans un aquarium bien garni.

Pourquoi les animaux ne peuvent-ils vivre dans ces bassins artificiels, lorsque nous les voyons prospérer dans des mares souvent moins grandes que nos bassins? C'est par la même raison que nous ne pouvons vivre longtemps dans une chambre privée d'air.

Tout animal a besoin comme nous d'oxygène pour vivre; les animaux terrestres le trouvent dans l'air atmosphérique; les animaux aquatiques dans l'eau; et, dans l'un et l'autre cas, l'oxygène est principalement produit par les plantes sous l'action de la lumière. Dans la nature, les étangs, les rivières, les mares sont garnis d'une végétation qui produit une quantité d'oxygène suffisante pour entretenir la vie de leurs habitants. Il faut donc s'efforcer d'imiter les procédés naturels. « Interroge la nature et elle t'instruira, » a dit Job.

C'est aux immortels travaux de Lavoisier et de Priestley que l'on doit la découverte de cette admirable loi de la pondération des êtres.

Comme chacun sait, l'air est indispensable à l'entretien de la vie; il est également nécessaire à la respiration des animaux et à celle des plantes, avec cette différence, toutefois, que les animaux en absorbent l'oxygène, qui revivifie leur sang, et rejettent à l'état de gaz acide carbonique les particules vieillies de leur économie; tandis que les plantes, au contraire, décomposent cet acide carbonique, gaz délétère composé de carbone et d'oxygène. Elles s'approprient et s'assimilent le carbone nécessaire à leur développement et rejettent l'oxygène comme un superflu nuisible à leur organisme.

Les végétaux travaillent donc au bien-être des animaux, en rendant l'air atmosphérique plus propre à leur respiration, et les animaux, à leur tour, coopèrent au développement des végétaux, en exhalant dans l'atmosphère le gaz carbonique dont ces derniers sont avides. Équilibre merveilleux qui assure dans les deux règnes la durée des espèces en préservant les individus.

Pour conserver vivants les animaux que nous plaçons dans nos aquariums, nous devons donc imiter aussi fidèlement que possible la nature et les circonstances dans lesquelles ils vivent habituellement. Si des poissons, des mollusques ou d'autres animaux sont placés dans un vase rempli d'eau, ils absorberont promptement l'oxygène que renferme cette eau, et comme celle-ci ne peut emprunter à l'air l'oxygène aussi rapidement que les animaux le lui enlèvent, elle se trouvera bientôt impropre à la vie de l'animal, qui périra inévitablement. Mais si nous introduisons dans l'aquarium des plantes qui puissent y vivre à l'aise, celles-ci fourniront constamment l'oxygène nécessaire à la respiration des animaux, et absorberont, en outre, le gaz carbonique qui vicie l'eau dans laquelle ils vivent. C'est grâce à cette pondération de la vie végétale et animale, à ce libre échange naturel, que l'on peut entretenir chez soi un aquarium, et jouir ainsi en petit des merveilles du monde sous-marin, et cela sans changer l'eau, et, par conséquent, sans troubler ses habitants.

Un point également important est de proportionner la population animale à la capacité du vase et à la quantité des plantes qu'il renferme. Celle-ci n'est jamais trop grande pour le bien-être des animaux. Les végétaux étalent à la surface de l'eau la partie supérieure de leurs ramifications et empruntent à l'air extérieur le principe vital que l'eau ne leur offre pas en quantité suffisante. Ils ne vicient pas l'eau, à moins qu'ils ne se décomposent, et renouvellent constamment, au contraire, l'oxygène que consomment les animaux. Mais ceux-ci ne peuvent vivre qu'à la condition de trouver dans le milieu qu'ils habitent une quantité d'oxygène suffisante à leur respiration, et il est clair que plus ils seront nombreux et plus la part de chacun sera amoindrie.

Un aquarium pourra bien être surchargé d'habitants pendant quelque temps; mais, peu à peu, l'eau deviendra trouble, l'air y fera défaut et les animaux périront les uns après les autres. Empiler sans discernement dans un aquarium toutes sortes de plantes et d'animaux, c'est le moyen de n'avoir bientôt plus sous les yeux qu'un triste cimetière, un foyer de corruption dont on sera obligé de se débarrasser au plus tôt.

Des aquariums, comme nous en avons vu, où grouillaient pêle-mêle des poissons, des reptiles, des insectes, souvent même compliqués de canards et de cygnes en verre soufflé, ne sauraient durer long-temps. Les insectes et les larves harcèlent les poissons, ceux-ci s'agitent violemment en faisant jaillir l'eau de tous côtés, et les Tritons font des efforts désespérés pour sortir de cet enfer, et y réussissent parfois.

Il faut au moins trois litres d'eau par habitant de taille moyenne, tel que le Cyprin doré ou le Véron, et huit litres sont à peine suffisants pour une Carpe ou une Tanche de 20 centimètres de longueur.

Il faut tenir compte également des mœurs des animaux que l'on destine à vivre ensemble dans l'aquarium, et ne pas associer des créatures qui sont en hostilité ouverte depuis la création du monde. Sinon on les verra bientôt s'attaquer avec fureur et s'entre-dévorer. Les plus faibles disparaîtront d'abord ; puis les survivants se feront entre eux la guerre. L'animal ne reconnaît qu'une loi, celle du plus fort, et il l'exerce d'une manière implacable. Pour lui, toute la question se résume dans le fameux *To be or not to be*, de Shakespeare, manger ou être mangé.

Les individus ne doivent pas non plus être de trop
grande taille, et il faut renoncer à introduire dans
la communauté les espèces voraces. Ainsi un Brochet
ou une grosse Anguille ne pourront figurer dans un
aquarium qu'à la condition d'y être isolés ; car, non-
seulement ils absorberaient à eux seuls la provision
d'oxygène, mais, en outre, ils porteraient le trouble
et la désolation parmi le reste de la population.

CHAPITRE IV.

LUMIÈRE ET CHALEUR.

*Leurs effets sur l'aquarium. — Végétation spontanée. —
Infusoires.*

Si l'on met dans un vase exposé à l'air et à la
pleine lumière une certaine quantité d'eau pure, on
voit au bout de quelque temps se produire un phénomène singulier. De
petits nuages légère-
ment jaunâtres ou
verdâtres se forment
au sein du liquide, et
si l'on examine cette
matière au micros-
cope, on découvre
qu'elle est composée
de milliers de petits

Fig. 4. — Filaments végétaux.

filaments végétaux agglomérés. — Leur développement est d'autant plus rapide que la lumière est plus
vive et la chaleur plus intense.

Quelques jours après, au sein de cette végétation
élémentaire, apparaissent des animalcules qui se
nourrissent de sa substance ; puis surviennent d'au-

tres animalcules, mieux organisés que les premiers,
qui poursuivent et dévorent ceux-ci.

C'est là l'image de la vie sur la terre. Les végétaux
apparaissent les premiers; puis viennent les animaux
herbivores qui s'en nourrissent, puis enfin les animaux carnassiers qui vivent aux dépens de ceux-ci.
La vie entretient la vie; la mort des uns alimente
l'existence des autres. D'où viennent ces plantes?
D'où viennent ces animalcules dévorants et dévorés?
C'est là le sujet de l'importante discussion non encore terminée et peut-être interminable entre les hé-
térogénistes et les panspermistes. Nous renvoyons
ceux de nos lecteurs qui désireraient approfondir
cette question au remarquable et intéressant volume
du Dr Pennetier [1].

La lumière et la température auxquelles se trouve
exposé l'aquarium, ne sont donc pas indifférentes.
Le libre accès de la lumière est indispensable au
développement des plantes et à la production de
l'oxygène; cependant une trop vive lumière provoque
le développement de la matière verte qui trouble
l'eau et obscurcit les parois de glace. Elle élève, en
outre, la température de l'eau, et nuit considérable-
ment aux animaux. Quelques-uns, vivant habituellement dans les bas-fonds, ne sauraient s'accommoder

[1] L'*Origine de la vie*; 1 vol. in-18, avec 70 gravures, prix 3 fr. — *Quatrième édition*; J. Rothschild, éditeur.

des conditions dans lesquelles vivent ceux des couches supérieures et réciproquement. D'un autre côté l'obscurité est encore plus préjudiciable. Il est donc nécessaire de prendre un moyen terme.

Une lumière modérée est très-suffisante pour plusieurs plantes aquatiques qui vivent immergées, et elle est très-propice à la santé des animaux. Dans cette condition, les conferves et la matière verte ne se développent que médiocrement, et l'eau conserve une limpidité parfaite. Le règlement de la lumière est donc une des conditions indispensables à la prospérité d'un aquarium. On l'obtient au moyen de l'orientation du lieu dans lequel on le place, ou à l'aide d'écrans qui permettent de modérer la lumière. La meilleure exposition à donner à l'aquarium est celle du nord, au moins pendant l'été, parce que, tout en admettant une lumière franche et abondante, elle exclut les rayons directs et trop chauds du soleil.

Il faut toujours éviter avec soin que les rayons solaires frappent directement sur l'aquarium ; car une température égale, autant que possible, est essentielle, et le froid est presque toujours moins nuisible que la chaleur au bien-être des animaux aquatiques.

L'expérience prouve que les variations de température se produisent très-rapidement dans les petites masses d'eau. Il faut donc avoir soin de défendre

l'aquarium contre un échauffement ou un refroidis-
sement anomal, que pourraient amener les rayons
du soleil pendant le jour, et le rayonnement vers les
espaces célestes pendant les nuits claires. Dans le
premier cas, l'eau deviendra tiède et les animaux
donneront des signes évidents de malaise, en venant
à la surface où ils s'efforceront de respirer en ouvrant une bouche pantelante. La température de
l'eau ne doit pas dépasser 15 degrés en été, ni descendre au-dessous de 5 degrés en hiver. Un froid
intense plonge les poissons dans la torpeur ; mais il
est plus dangereux encore pour l'aquarium, dont il
peut briser les glaces.

Si la température de l'eau s'élève accidentellement,
on la ramènera au degré voulu en enveloppant le
bassin d'un linge épais imbibé d'eau et que l'on en-
tretiendra toujours humide. On peut d'ailleurs surveiller la température de l'eau en y tenant plongé à
poste fixe un petit thermomètre.

Une remarque très-ingénieuse a été faite par
M. G. Guyon (*Zoologist*, Mars 1856). Les expériences faites sur la lumière, en vue de la photogra-
phie, ont démontré que les rayons du spectre qui
composent la lumière blanche possèdent des propriétés différentes : on a constaté que l'action lumi-
neuse réside dans le rayon jaune, l'action calorifique
dans le rayon rouge et l'action chimique dans le

violet. Il est donc admissible que c'est sous l'influence du rayon jaune que les plantes décomposent l'acide carbonique et dégagent l'oxygène. S'il en est ainsi, l'interposition d'un verre ou d'un écran jaune, tout en laissant passer le rayon éclairant et purifiant, arrêtera le rayon rouge, et préviendra par conséquent le trop grand échauffement de l'eau.

Même dans les aquariums les mieux tenus il arrive parfois que l'eau se trouble tout à coup. On voit d'abord se former à la surface de l'eau de petits nuages, qui s'étendent peu à peu et finissent par intercepter la vue des objets. Ce trouble peut provenir de deux causes différentes. Si les petits nuages qui troublent la transparence de l'eau sont de couleur verdâtre, ils sont dus à la formation de la matière verte végétale dont nous avons déjà parlé, et nous avons indiqué les moyens d'arrêter son développement au moyen d'un sage règlement de la lumière. D'autres fois ce sont de petits nuages mobiles, de couleur blanchâtre ou d'aspect laiteux, qui se dispersent pour se reformer de nouveau en changeant de place. Une goutte de cette eau, transportée sur le porte-objet du microscope, fera voir qu'ils sont formés par une innombrable multitude d'animalcules de la classe des infusoires. Leur présence n'est pas un mal, mais leur production rapide et en aussi grand nombre est presque toujours due à une cause

nuisible par elle-même ; elle est un indice de l'existence de matières organiques en décomposition dans
l'aquarium.

Il est très-facile en effet de provoquer l'apparition
de ces essaims d'animalcules ; il suffit pour cela de
déposer sur le fond de l'aquarium le corps mort
d'un petit ver ou d'une larve molle. Au bout de
deux ou trois jours, on pourra le voir, à l'aide d'une
forte loupe, comme enveloppé d'un petit nuage
d'atomes mouvants. Ce sont les animalcules en question, occupés à dévorer le cadavre et à absorber
toutes les particules qui s'en détachent. Aussi peut-
on leur laisser le soin de faire disparaître le corps
en décomposition, s'il n'est pas trop gros. Toutefois,
si leur nombre s'accroît au point d'y former des
nuages laiteux visibles à l'œil nu, il sera prudent
de transférer les animaux dans un autre vase et de
changer l'eau.

Dans tout aquarium bien fourni et fonctionnant
avec la même eau depuis plusieurs mois, on trouvera un grand nombre d'infusoires. Ces animaux
microscopiques, non-seulement offrent à l'observation des sujets d'étude d'un intérêt très-grand,
mais ils servent encore à la nourriture de beaucoup
de petits animaux aquatiques, et, chose plus extraordinaire, ils leur fournissent, comme les plantes,
l'oxygène nécessaire à leur respiration. En effet,

des expériences nombreuses tendent à prouver que,
à l'inverse des autres animaux, qui absorbent l'oxygène et périssent lorsqu'ils en sont privés, ces petits
organismes absorbent l'acide carbonique et expirent
l'oxygène en abondance (Hibberd).

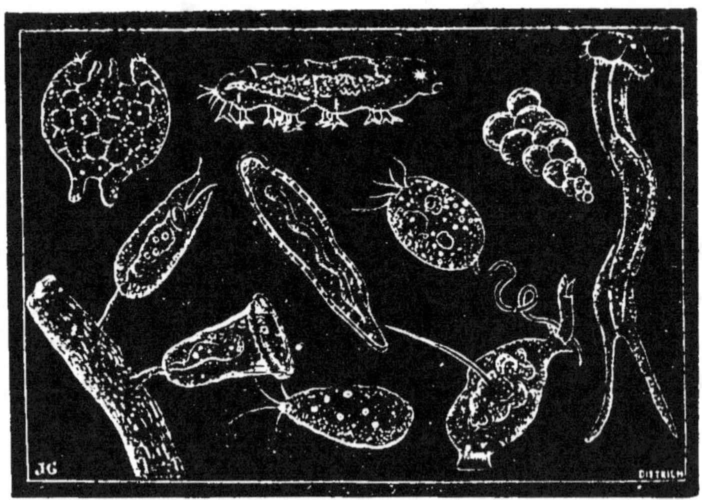

Fig. 5. — Infusoires.

Liebig, que l'on peut citer comme une autorité,
dit avoir recueilli de grandes quantités d'oxygène
de vases qui ne contenaient que des infusoires. C'est
sans doute là l'une des causes qui font que, dans
des aquariums établis depuis plusieurs mois avec
la même eau, la vie animale se soutient mieux
que dans un bassin récemment rempli.

CHAPITRE V.

VÉGÉTATION DE L'AQUARIUM.

Plantes confervoïdes. — Agents de la salubrité. — Nettoyage.

Le point important pour assurer l'existence des habitants de l'aquarium, est donc de leur fournir en· quantité suffisante l'oxygène nécessaire à leur respiration, et cela sans être obligé de renouveler l'eau ou de l'aérer par des moyens factices. Et nous avons vu que c'est aux plantes que la nature a confié cette importante fonction.

Il est donc indispensable d'entretenir dans l'aquarium une végétation propre, non-seulement à la nourriture naturelle de beaucoup d'entre eux, mais aussi au dégagement de l'oxygène nécessaire à la vie de tous.

Toutes les plantes aquatiques ne sont pas propres à la réclusion de l'aquarium ; plusieurs n'y jouissent que d'une prospérité temporaire ; au bout d'un certain temps, elles pourrissent à la base et flottent au-dessus de leurs amarres ; soit qu'elles périssent faute d'un sol assez profond pour étendre leurs racines, soit qu'elles aient besoin de la chaleur solaire pour stimuler leur croissance. D'utiles qu'elles étaient, elles deviennent alors nuisibles. Il y a donc un choix à faire parmi ces plantes.

Au premier rang nous citerons celles qui flottent naturellement, c'est-à-dire qui se soutiennent à la surface de l'eau, sans être fixées au sol : telles sont les Lemna ou lentilles d'eau, si communes dans toutes les mares et les étangs, le Salvinia, le Stratiotes à feuilles d'aloës, le Myriophyllum ou volant d'eau. Puis viennent celles dont les racines savent se contenter d'un sol peu profond, telles que le Callitriche et l'Anacharis, qui prospéreront dans les plus mauvaises circonstances, la Morrène à feuilles rondes, la Vallisnérie, si remarquable par son organisation. Chacune de ces plantes peut être introduite d'une manière permanente dans l'aquarium, et ce sera l'exception si elles n'y prospèrent pas. Toutes produisent l'oxygène en abondance et se développent dans une faible lumière.

A défaut de ces plantes de choix, fiez-vous-en aux Conferves, aux mousses, aux oscillariées et autres organismes des basses classes qui, sous l'influence de la lumière, couvriront bientôt les roches et les parois mêmes de l'aquarium. Ces plantes qui décomposent l'acide carbonique et sont par conséquent fort utiles, sont, en outre, pour les observations microscopiques, une source inépuisable de curiosité. Elles deviendraient nuisibles, cependant, par leur trop rapide accroissement, sous l'influence d'une lumière très-vive. Bientôt la surface de l'eau se couvrirait de Conferves qui, s'abaissant jusqu'au milieu du bassin, y formeraient un nuage opaque au milieu duquel se débattraient et périraient les habitants. On comprend combien cette rapidité de développement devient embarrassante dans un aquarium en verre, lorsqu'elle envahit le champ déjà trop restreint de l'observation et le rend impénétrable à l'œil. C'est pourquoi il faut s'appliquer à en régler la propagation.

Nous avons déjà indiqué les principaux moyens d'atténuer l'intensité des rayons lumineux ; ajoutons, en passant, qu'il est bon que ceux-ci, comme dans la nature, pénètrent dans l'aquarium de haut en bas ; l'eau en sera plus fraîche et la végétation confervoïde s'y développera moins rapidement. Mais il existe encore un autre moyen de maintenir dans de justes limites la végétation cryptogame, et qui ajoute en même temps à l'animation de la scène. On trouve, en consultant la nature, quelques-uns de ces auxiliaires dont elle aime à faire emploi. Dans les plantes vertes qui forment comme des prairies au fond de quelques eaux dormantes ou d'un cours très-lent, on voit une infinité de mollusques occupés à brouter tranquillement ces herbes. Quoi de plus naturel que de leur confier le même office dans l'aquarium ! Non - seulement ils dévoreront cette végétation exubérante et en arrêteront le trop grand développement, mais encore ils feront disparaître les déjections animales, en même temps que leurs œufs serviront de pâture à plus gros qu'eux. Tels sont surtout les Planorbes et les Lymnées. Ces dernières ne doivent cependant être admises qu'avec réserve, car elles sont très-voraces et ne se contentent pas de faucher les Conferves qui tapissent les rocailles et les glaces ; elles n'épargnent pas plus les Vallisnérias et les Hydrocharis. Quant aux Planorbes, elles sont plus sobres et savent se contenter de peu.

Les têtards sont également de bons nettoyeurs et font disparaître assez rapidement les détritus de toute nature, végétale ou animale ; mais il est plus difficile de les conserver dans un aquarium. N'étan pas défendus, comme les mollusques, par une solide coquille, ils deviennent la proie des animaux carnassiers, tritons et poissons, qui en sont très-friands.

Lorsqu'un aquarium est convenablement dirigé, c'est-à-dire qu'on y a établi autant que possible l'équilibre naturel, en balançant les forces vitales par une juste proportion des animaux et des végétaux, l'eau n'a pas besoin d'y être changée, au moins pendant un très-long espace de temps. Cependant, au bout de douze à quinze mois, ce changement deviendra probablement nécessaire ; mais cela ne doit être fait que lorsque le fond sera devenu noir et que les racines des plantes donneront des signes de décomposition. On retire alors les animaux vivants à l'aide d'un petit filet à main ; on recueille soigneusement les plantes, et l'eau est enlevée au moyen d'un siphon en verre ou d'un tube en caoutchouc. Le fond de sable ou de gravier est mis à par pour être bien lavé à plusieurs eaux, et l'aquarium peut alors être nettoyé à fond avec de l'eau et de la terre pourrie ou du blanc d'Espagne.

Il peut arriver, cependant, qu'un accident oblige à changer l'eau plus promptement ; par exemple, la mort d'un habitant, dont la putréfaction empesterait le liquide. Aussi est-il nécessaire de ne jamais perdre de vue les animaux, surtout lorsqu'on en voit quelqu'un rechercher un coin obscur pour s'y cacher, contrairement à ses habitudes. Dans ce cas on devra le retirer aussitôt et le mettre dans un vase à part jusqu'à ce que l'on soit édifié sur son compte.

Il faut surtout surveiller les mollusques, ceux-ci se renfermant dans leur coquille et dégageant presque aussitôt après leur mort de l'hydrogène sulfuré, qui empoisonne rapidement l'eau.

Quelques personnes appliquent un couvercle sur l'aquarium, pour arrêter les animaux qui pourraient en sortir, soit en sautant, soit en rampant, et pour empêcher la poussière de tomber sur l'eau et de s'y accumuler, auquel cas elle finirait par troubler la transparence du liquide. Si le couvercle est en verre, il devra être suspendu au-dessus, de manière à ne pas intercepter le passage de l'air. Deux ou trois feuilles de verre posées sur le dessus, de façon à laisser entre elles un espace vide de quelques milli-mètres, rempliront parfaitement le but; mais on peut simplement recouvrir le bassin d'une gaze légère. Nous devons dire, d'ailleurs, que nos aqua-riums ne sont jamais couverts et qu'ils ne perdent rien de leur transparence; la poussière coule rapi-dement au fond et nous paraît inoffensive, à moins qu'elle ne soit par trop abondante.

Un moyen très-simple pour enlever la poussière accumulée sur l'eau, est de promener à la surface une feuille de papier buvard, que l'on ramènera contre la paroi intérieure de la glace, où la pous-sière s'attachera et d'où on l'enlèvera facilement au moyen d'un chiffon.

CHAPITRE VI.

INSTRUCTIONS GÉNÉRALES.

*Résumé des chapitres précédents. — La réserve. —
Instruments.*

Récapitulons en quelques mots les précautions nécessaires pour rendre l'aquarium propre à recevoir
ses habitants. D'abord, tout bassin neuf — à moins
qu'il ne soit entièrement en verre — devra rester
rempli d'eau pendant trois semaines ou un mois ; on
aura soin de changer cette eau au moins tous les
huit jours, afin de le débarrasser complétement des
matières solubles nuisibles.

Au bout de ce temps on pourra y placer quelques
plantes, telles que Callitriche, Anacharis, Volant
d'eau, Lemna, qui y vivront facilement et prépare-
ront l'eau en y dégageant l'oxygène nécessaire à la
vie animale. La végétation est en outre une source
abondante de nourriture pour beaucoup d'animaux
qui, s'ils ne la trouvaient établie d'avance, ne tarderaient pas à périr. On peut placer dans l'aquarium,
en même temps que les plantes, quelques Tritons ou
lézards d'eau qui, respirant l'air en nature, n'ont
.pas besoin d'une eau richement aérée ; mais il est
prudent de n'y introduire des poissons que quelques

jours après que les végétaux ont fonctionné. En même temps que les poissons, on pourra mettre quelques mollusques pour remplir l'office d'agents de la salubrité. Ils s'opposeront au trop grand développement des Conferves et maintiendront la pureté de l'eau en faisant disparaître les immondices. Les Têtards remplissent également ce but, mais moins complétement.

Bien que le séjour des plantes dans l'aquarium doive suffire pour donner à l'eau les propriétés vitales, on peut en augmenter l'intensité au moyen d'une aération artificielle. Un petit jet d'eau permanent remplit parfaitement ce but, l'eau s'aérant dans sa course. Il suffit, pour l'établir, de placer un réservoir à quelques mètres au-dessus du niveau de l'aquarium, et de le faire communiquer avec celui-ci au moyen d'un tube en caoutchouc qui, descendant au fond du bassin, remonte à la surface de l'eau à travers quelque rocaille, où il s'adapte à un ajutage en verre ou en os. Le jet d'eau s'élèvera en raison du poids de la colonne d'eau. Cette disposition, en même temps qu'elle donnera de l'élégance à l'aquarium, lui apportera un supplément d'air et de fraîcheur. Mais il faut alors ménager un déversoir pour l'écoulement du trop plein, et il n'est pas toujours facile d'établir ce mécanisme. Un moyen plus simple, et à la portée de tout le monde, est de seringuer de l'air dans l'eau. L'instrument devra nécessairement être retiré de l'eau après chaque poussée. Au bout de quelques injections, l'eau devient mousseuse et remplie de bulles d'air.

L'aquarium étant prêt, on peut y introduire les poissons. Les plus propres à cette vie de réclusion sont, outre les Cyprins dorés de la Chine, les Vérons, la Vaudoise, le Gardon, la Loche, des Carpes et des Tanches de petite taille. Tous ces poissons vivent en bonne intelligence avec les Tritons et les Mollusques. Parmi ces derniers, les plus utiles sont les Planorbes. Dans les insectes d'eau, les Hydrophiles, les Hygrobies, les Gyrins ne sont nullement nuisibles; mais les poissons et les Tritons pourront bien faire leur proie des petites espèces, ainsi que des larves; aussi vaut-il mieux les mettre à part, si l'on tient à les conserver; car souvent l'étude du plus petit insecte est aussi attrayante et aussi féconde en enseignements que celle du plus gros animal. Il est d'ailleurs nécessaire de connaître les mœurs de ces divers animaux avant de les associer, et nous consacrerons à leur étude quelques-uns des chapitres suivants.

Pour celui qui se contente d'un bocal avec des poissons rouges, ou même d'un aquarium ornemental contenant quelques plantes et quelques animaux, il n'a qu'à suivre les indications que nous avons données plus haut. Mais le naturaliste qui veut non-seulement récréer sa vue par l'observation de ce petit monde, mais encore faire un objet d'étude des êtres qu'il renferme, doit avoir plusieurs aquariums, ou ,

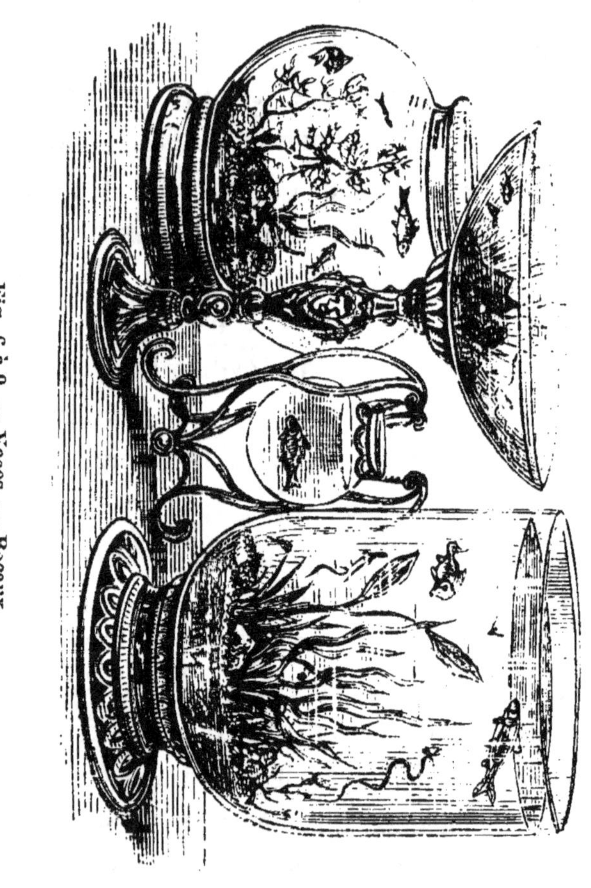

Fig. 6 à 9. — Vases. — Bocaux.

tout au moins, des vases, des bocaux particuliers. Outre l'incompatibilité d'humeur qui existe entre plusieurs animaux et les inconvénients graves qui pourraient en résulter, beaucoup d'objets seraient

mal placés et comme perdus dans un large bassin,
surtout si l'on veut faire des observations microscopiques. Ainsi, parmi les insectes et les larves,

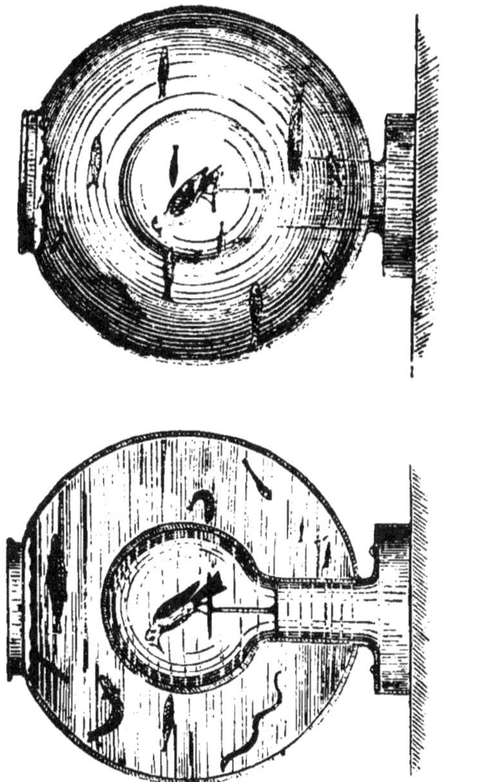

Fig. 10. — Aquarium de fantaisie, ayant un vide, dans lequel se trouve un oiseau.

dont les mœurs et l'organisation sont souvent des
plus curieuses, plusieurs seraient dévorés par les
poissons et les Tritons, tandis que d'autres, au contraire, harcèleraient et feraient même périr ces
derniers.

Pour les petits animaux dont on veut observer les habitudes, et qui nécessitent souvent l'emploi de la loupe, le meilleur moyen est de les conserver à part dans de larges bocaux de verre blanc, ou dans ce que l'on appelle, en terme de laboratoire, des *cristallisoirs*. Ces vases sont très-bien appropriés pour les petits spécimens ; ils sont généralement deux fois plus hauts que larges, ce qui leur donne une forme plus gracieuse, et sont très-commodes pour les observations à la loupe, leur forme et leurs dimensions permettant de les retourner facilement, et de les éclairer au besoin par derrière au moyen d'une bougie ou d'une lampe pour les observations nocturnes. On peut les ranger sur les rayons d'une étagère ; quant à la manière de les installer et de les arranger, c'est au goût de chacun d'y présider ; seulement ils doivent être placés de manière à jouir d'une pleine lumière, quoique à l'abri des rayons directs du soleil.

Ces bocaux peuvent être employés comme aquariums particuliers pour de petites plantes aquatiques, des insectes de diverses espèces, des araignées d'eau, des vers aquatiques, des larves, des têtards, des mollusques, des annélides et des crustacés. Ceux qui renfermeront des insectes pourvus d'ailes devront être recouverts d'une fine gaze, retenue autour du bord au moyen d'un anneau de caoutchouc.

Les bocaux serviront également pour les doubles et pour renouveler les pertes de l'aquarium. Par le fait, ce sont des réservoirs dans lesquels on conserve tout ce qui n'entre pas dans les grands bassins, ou dont on veut faire une étude spéciale.

Les soins à donner aux bocaux de la réserve sont les mêmes que ceux que réclame l'aquarium; car ce ne sont, en réalité, que des aquariums sur une petite échelle. Le point principal est de séparer autant que possible les espèces de façon que les animaux carnassiers ne puissent détruire les créatures inoffensives. Les espèces herbivores se contenteront de quelques tiges de plantes, telles que Callitriche, Anacharis, ou des Conferves et des Lemna; mais il est nécessaire d'offrir aux espèces carnivores une nourriture plus substantielle, sinon elles se dévoreront l'une l'autre jusqu'à ce qu'il n'en reste plus qu'une. De petits morceaux de bœuf cru ou de petits vers rouges sont les substances les mieux appropriées à leur genre de vie; mais ils ne feront fi d'aucun insecte à corps mou, les mouches, les araignées, les larves leur seront également agréables.

L'eau n'a besoin d'être changée que lorsque le fond est devenu noir, ou dans le cas du décès de quelque habitant. Il faut alors, par mesure de prudence, transférer les survivants dans un nouveau milieu et le plus tôt possible.

Quelques instruments fort simples sont nécessaires au service de l'aquarium : c'est d'abord une
longue pince en bois, à l'aide de laquelle on puisse
fouiller tous les recoins du bassin, afin d'en enlever
les matières nuisibles, telles que les corps morts,
les débris d'aliments non ingérés, les détritus de
plantes etc. On enlèvera facilement les petites ordures et les déjections animales qui déshonorent
l'aquarium, au moyen d'un tube de verre ouvert
aux deux bouts. Il doit avoir à peu près 8 à 10 millimètres de diamètre. Voici comment on l'emploie :
quand on voit flotter quelque ordure, on bouche
l'ouverture supérieure du tube avec un doigt, puis
on plonge l'extrémité ouverte au-dessus de l'objet que
l'on veut enlever; on retire alors le doigt, et l'eau,
en montant dans le tube pour regagner son niveau,
entraînera l'objet avec elle. On place alors de nouveau le doigt sur l'ouverture supérieure du tube, pour
empêcher l'eau de s'écouler, et l'on retire le tube.

Un siphon de verre, ou mieux encore un tube
de caoutchouc, est indispensable lorsqu'il devient
nécessaire de retirer une certaine quantité d'eau.
Enfin, un petit filet à main ou une petite passoire
à long manche, pour retirer les animaux lorsqu'il
en sera besoin; voilà tous les instruments nécessaires à l'entretien de l'aquarium.

La possession d'un bon microscope procurera au

propriétaire d'un aquarium de grandes jouissances. Non-seulement il trouvera dans les eaux où auront séjourné pendant quelque temps des animaux et des plantes , une foule d'infusoires extrêmement curieux à observer [1] ; mais encore une infinité de petits animaux qui y auront été introduits avec les plantes, tels que les Cyclopes , les Hydres , les Rotifères etc. — Pour l'observation ordinaire une simple loupe suffit; celle employée pour l'étude de la botanique , à trois branches de grossissements variés, est une des plus commodes.

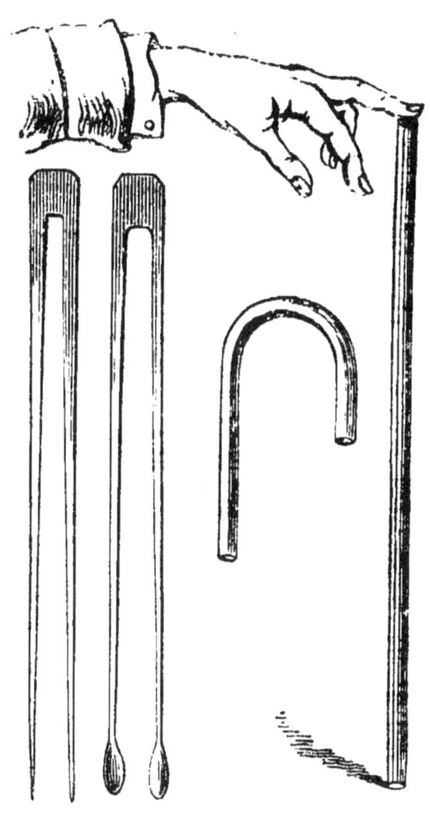

Fig. 11 à 14. — Instruments.

[1] GIRARD, *Les secrets de la vie aquatique;* 1 vol. in-18 avec nombreuses Figures ; J. Rothschild, éditeur.

CHAPITRE VII.

LES PLANTES AQUATIQUES.

Les plantes sont abondamment répandues dans les rivières, les étangs et les mares ; elles sont à la fois l'ornement de ces eaux et le moyen d'existence de la plupart de leurs habitants, auxquels elles fournissent, non-seulement un abri et une nourriture succulente, mais encore l'oxygène indispensable à leur respiration.

Toutes les plantes qui croissent dans les eaux ne sont pas propres à vivre dans un aquarium, au moins d'une manière permanente. Bien que toutes puissent être utilisées pour l'ornementation temporaire, pendant leur floraison, un petit nombre d'entre elles seulement peuvent servir à maintenir la balance naturelle dans ce petit monde.

Le plus grand nombre des plantes aquatiques ont besoin, comme les plantes terrestres, d'un sol terreux dans lequel elles enfoncent leurs racines, pour y puiser les principes nécessaires à leur existence ; — nous parlons des végétaux d'eau douce ; nous verrons plus tard qu'il n'en est pas de même pour les plantes marines. — Il leur faut aussi la libre jouissance de l'air et du soleil pour se développer à l'aise.

Fig. 15 à 26. — M. Carex limosa. — N. Alisma ranunculoides. — O. Utricularia minor. — P. Helosciadum inundatum. — Q. Equisetum palustre. — R. Myriophyllum verticill. — T. Valeriana dioica. — U. Hippuris vulgaris. — V. Ranunculus aquatilis. — X. Hydrocotyle vulgaris. — Y. Stratiotes aloides. — Z. Limosella aquatica.

Les espèces dont les racines s'enfoncent profondément dans le sol, ou s'y étendent au loin, ne peuvent être d'aucune utilité dans un aquarium ; elles
n'y vivraient pas. Celles dont les racines sont moins
développées peuvent y vivre plus ou moins longtemps. On devra les déterrer avec précaution et laver
leurs racines avec soin. Il faut d'abord les débarrasser de toute matière noire ou décomposée, de toute
feuille décolorée, et fixer leurs racines étalées sur le
fond en les recouvrant de quelques pouces de sable
ou de gravier. Il vaut mieux encore les planter dans
des pots remplis de terre tourbeuse, que l'on re-
recouvre d'une couche de gros sable, afin de l'empêcher de se délayer dans l'eau et de troubler
celle-ci.

Les véritables plantes d'aquarium sont, en premier lieu, les espèces flottantes qui se soutiennent
à la surface de l'eau sans être fixées au sol ; ce sont
celles qui y prospèrent le mieux, puisqu'elles ne
demandent aucun soin. Telles sont les Lemna ou
Lentilles d'eau, le Salvinia, le Myriophyllum, le
Stratiotes etc. Ensuite viennent les plantes qui poussent des rejets ou des radicelles aux nœuds ou
au collet de la tige, telles que les Callitriches, l'Anacharis, la Vallisnérie, les Potamots, la Morrène,
toutes plantes qui se comportent aussi bien sans racines qu'avec elles. Si on les prend avec leurs ra-

cines, il faut enfoncer doucement celles-ci dans le sable, en les maintenant en place à l'aide de quelques cailloux ; mais il suffit le plus souvent d'en prendre une touffe ou même quelques brins, et de les attacher par leur extrémité en y fixant une pierre pour les maintenir ; dans l'espace d'une quinzaine de jours, elles auront poussé des racines et seront solidement plantées.

Nous ne suivrons pas la classification botanique, dans la description des plantes propres à figurer dans l'aquarium ; il nous semble plus naturel de les grouper dans l'ordre de leur utilité.

I. *Plantes flottantes, vivant sans s'enraciner dans le sol.* — Les *Lemna* ou lentilles d'eau sont excellentes pour couvrir la surface. Leur nom vulgaire indique parfaitement la forme de ces plantes. Ce sont, en effet, de petites feuilles vertes, arrondies, de la grandeur d'une lentille, qui flottent à la surface de l'eau en émettant en dessous de petites racines fibreuses. Ces plantes, qui couvrent d'une couche d'un vert gai les mares et les étangs, se reproduisent avec une grande rapidité, au moyen de petits bourgeons qui naissent d'une sorte de gaine latérale. On en connaît plusieurs espèces : *Lemna minor*, *Lemna trisulca*, *Lemna polyrhiza* ; cette dernière se distingue en ce qu'elle a plusieurs racines, tandis que les autres n'en ont qu'une seule.

On trouve fréquemment des Hydres fixées à la partie inférieure des Lemna.

Fig. 27. — Lentilles d'eau.

Le *Salvinia natans* est une petite plante crypto-game qui croît en abondance dans les eaux stagnantes du Midi. Sa tige filiforme produit des radicelles qui flottent dans l'eau, et des feuilles alternes, de forme elliptique, d'un vert foncé en dessus, brunâtres et poilues en dessous, enroulées sur leurs bords avant leur parfait développement. Comme

Fig. 28. — Salvinia natans.

toutes les plantes cryptogames, le Salvinia n'a pas de fleurs; il se reproduit par de petites graines nommées *spores*, qui sont renfermées dans un petit sac membraneux placé à l'aisselle des feuilles; il se propage aussi par la division des stolons.

Le Volant d'eau (*Myriophyllum spicatum*) est encore une excellente plante d'aquarium. Ses tiges rameuses, assez longues, portent à chaque nœud quatre feuilles linéaires ailées en manière de plume, et se terminent par un long épi de fleurs très-petites. — Une autre espèce, le *Myriophyllum verticillé*, porte cinq feuilles ailées, et son épi de fleurs rosées est surmonté d'une couronne de feuilles.

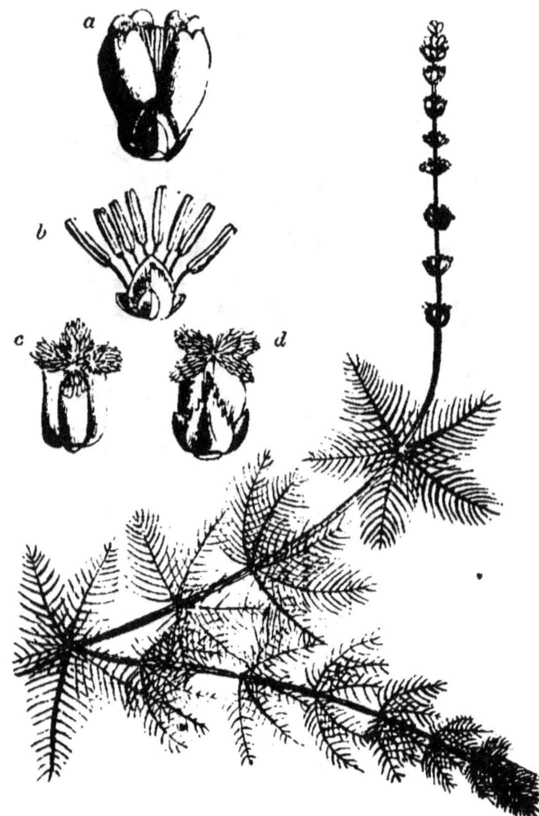

Fig. 29 à 33. — Myriophyllum verticillatum.

a Fleur mâle. — *b* Étamines. — *c*, *d* Fleur femelle avec et sans calice.

Ces plantes sont communes dans les eaux stagnantes et les cours d'eau peu rapides ; elles sont tantôt enracinées, tantôt flottantes, et produisent un fort joli effet.

Le Stratiotes à feuilles d'aloës (*Stratiotes aloi-*
des), qui appartient à la famille des Hydrocharidées,
n'est pas très-commun, mais là où on le trouve, il

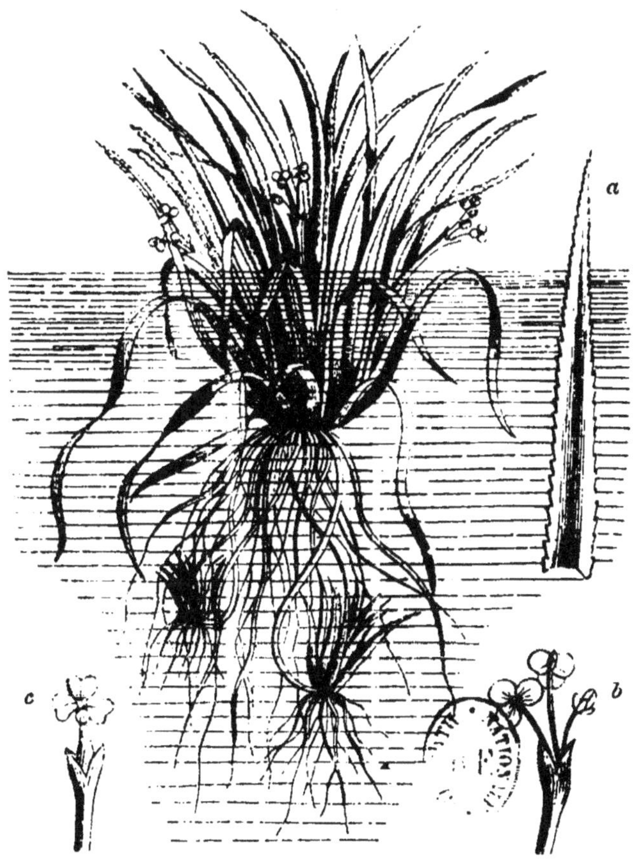

Fig. 34 à 37. — Stratiotes aloïdes.

a Pointe de la feuille, grandeur naturelle. — *b*, *c* Fleurs.

croît en abondance. Ses feuilles nombreuses, longues,
étroites et pointues, bordées de cils durs et piquants,
sont disposées en un faisceau ou large rosette qui les

fait ressembler à une touffe d'aloës. De la base de cette touffe partent plusieurs fibres déliées, vermiformes, que l'on peut regarder comme des racines. Ses tiges sont de petites hampes simples, portant une seule fleur blanche à trois pétales. Elle prospère dans l'aquarium également bien avec ou sans racines, et se fixe promptement au moyen des longues fibres qu'elle projette des nœuds situés près de sa base.

Deux charmantes plantes exotiques rentrent dans cette section et peuvent faire l'ornement de l'aquarium ; ce sont les *Pontederia*. Ces jolies plantes flottantes, originaires du Brésil, prospèrent dans nos bassins, tant que ceux-ci sont soumis à une douce température.

D'une souche courte et charnue partent inférieurement de longues racines garnies de radicelles latérales, comme les barbes d'une plume ; les feuilles dressées et de forme rhomboïdale, aiguës au sommet, sont portées sur un pétiole renflé dans son milieu et d'une apparence vésiculeuse. Du milieu de ces feuilles se dressent des pédoncules portant deux ou trois fleurs à six pétales, d'un joli bleu clair veiné avec le fond du tube jaune. Cette charmante plante, à laquelle on donne le nom de *Pontederia élégant*, vit assez longtemps dans l'aquarium si l'on a soin de supprimer tous les bourgeons ou coulants qui servent à sa propagation.

La seconde espèce, le *Pontederia azuré*, également flottante, a des feuilles ovales dont le pétiole est renflé au sommet. Ses fleurs, d'un beau

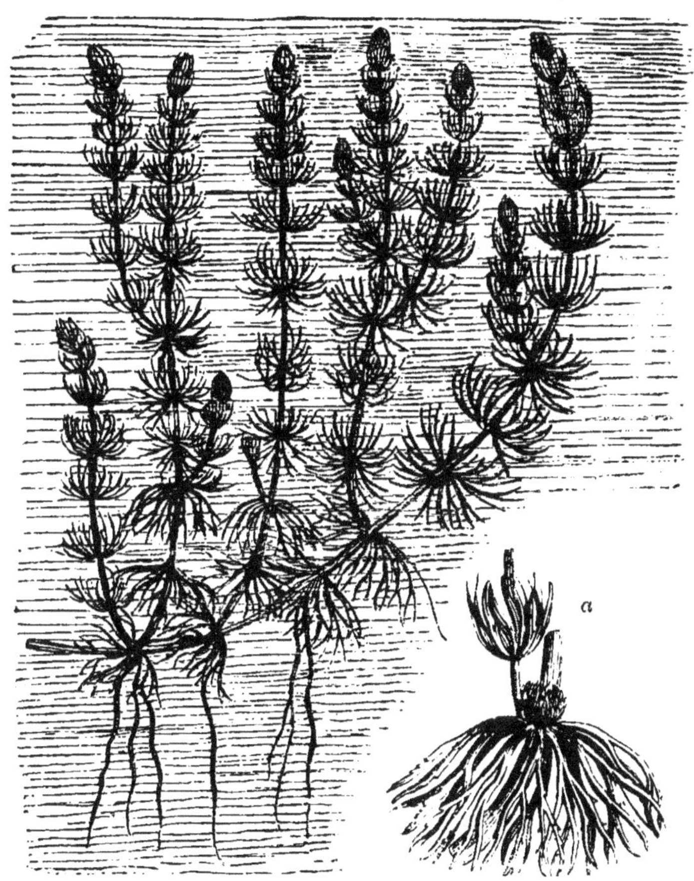

Fig. 38 et 39. — Chara. — *a* Racines.

bleu, sont velues en dehors et disposées en épi lâche.

II. *Plantes submergées tenant au sol par leurs racines, ou poussant des rejets des nœuds de la tige.* — Le *Chara* ou Lustre d'eau est une

plante fort singulière, assez commune dans les eaux
stagnantes de nos mares et de nos étangs. Ses tiges,
longues de 20 à 60 centimètres, sont cylindriques,
diaphanes, articulées et garnies à chaque nœud
d'une couronne de petits rameaux, simples ou branchus, mais complétement dépourvus de feuilles. Ces
tiges adhèrent à la vase par des racines très-fines.
Cette plante est très-intéressante à observer sous le
microscope : si l'on place sur le porte-objet un fragment de tige, on verra très-distinctement le mouvement circulatoire du liquide contenu dans chacune
des cellules dont la réunion constitue la tige. Ses
organes reproducteurs sont également fort curieux à
étudier ; sur le bord supérieur des rameaux se développent de petites vésicules rouges qui contiennent
les spores ou graines, et des filaments blanchâtres,
sorte de petits animalcules filiformes enroulés en
spirale, et que les savants considèrent comme les
organes mâles. Ces organes filiformes sont doués de
motilité, comme de petits vers, et continuent pendant un certain temps à se mouvoir dans l'eau au
moyen de deux petits filets comparables à des tentacules. On connaît plusieurs espèces de Chara ;
quelques-unes répandent une odeur fétide qui doit
naturellement les faire repousser de l'aquarium.

L'une des plantes les plus propres à vivre dans
l'aquarium est le Callitric (*Callitriche aquatica*).

Son nom, tiré du grec *Kallithrix*, signifie belle chevelure, et lui a été donné à cause de ses longues

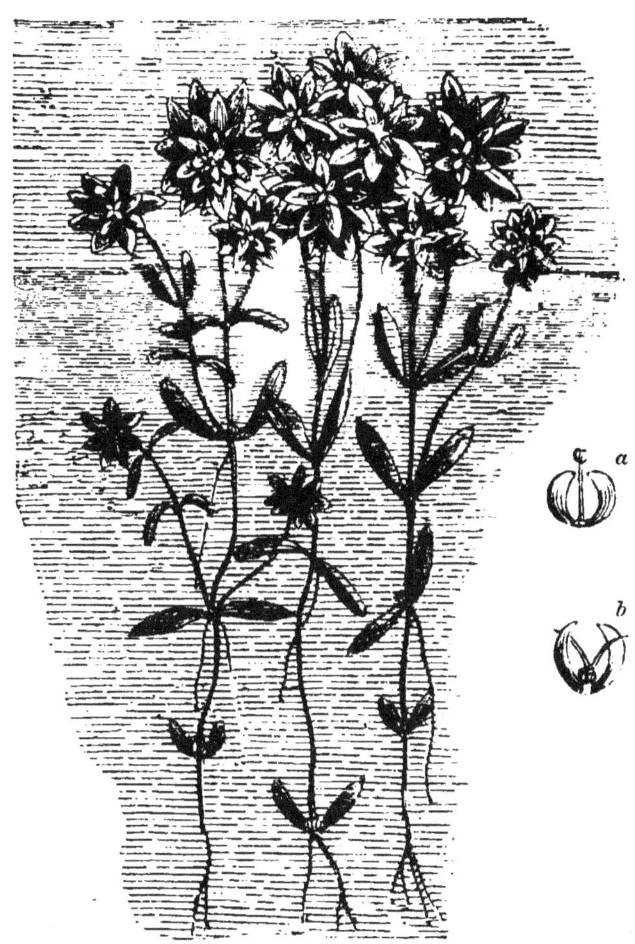

Fig. 40 à 42. — Callitriche aquatica.
a Fleur mâle. — *b* Fleur femelle.

tiges délicates et flottantes ; ses feuilles, d'un beau

vert, s'élèvent jusqu'à la surface de l'eau ; elles sont disposées par paires le long des tiges, et forment à l'extrémité de celles-ci une rosette. Les fleurs sont fort petites, insignifiantes, et se développent dans l'aisselle des feuilles. On en rencontre une variété dont les feuilles sont plus allongées et même quelquefois linéaires. C'est une excellente plante d'aquarium, et une bonne productrice d'oxygène. On peut en couper des tiges, les réunir en touffe au moyen d'un cordon, et les fixer au fond du bassin en y attachant un caillou. Elles y végéteront librement, égaieront l'aquarium de leur riche verdure, et pousseront constamment des racines de leurs nœuds.

L'Anacharis du Canada (*An. canadensis*) est également pour l'aquarium une plante de premier ordre. Elle n'y meurt jamais, pour peu qu'on prenne soin d'en élaguer les rameaux flétris. Le plus petit fragment de sa tige suffit pour produire, au bout d'un certain temps, une touffe entière, parce qu'elle pousse constamment des bourgeons prolifères. De ses racines longues, simples, filiformes, s'élèvent des tiges feuillues très-déliées et rameuses, hautes de 10 à 20 centimètres, portant des feuilles ternées oblongues. Les fleurs, insignifiantes, se développent à l'aisselle des feuilles supérieures. Cette plante se multiplie d'une façon prodigieuse par le sectionnement de ses tiges feuillues, qui ont la faculté d'émettre de petits bourgeons à l'aisselle des feuilles, bourgeons qui se développent rapidement, se détachent de la tige mère, tombent au fond où elles poussent des racines, et ne tardent pas à former des touffes vigoureuses.

L'Anacharis est originaire de l'Amérique du Nord, d'où elle a été introduite accidentellement en Angleterre ; elle y a si bien prospéré, qu'aujourd'hui elle gêne la navigation sur quelques points de la Tamise. Depuis quelques années cette plante est devenue commune dans plusieurs localités des environs de Paris. On la trouve dans la plupart des lacs et des bassins des promenades publiques ; elle est abondante dans la Seine, au pont d'Ivry et près de Corbeil ; mais c'est surtout dans l'Essone, près de cette dernière ville, que sa croissance a pris des proportions considérables ; elle forme dans ce petit cours d'eau, sur un espace de plusieurs kilomètres, de véritables tapis de verdure d'une intensité très-remarquable.

Par sa robusticité et l'élégance de son feuillage, l'Anacharis est une des plantes les plus propres à orner l'aquarium. Elle y végète avec vigueur sans fond terreux, et sous une faible lumière, et produit l'oxygène en abondance. Son seul défaut est de croître trop rapidement sous l'influence d'un jour un peu vif.

La Vallisnérie (*Vallisneria spiralis*) est non-
seulement une excellente plante d'aquarium, mais
encore l'une des plus intéressantes à étudier sous le
rapport de la beauté de sa structure et de son mode
de reproduction. Cette plante est célèbre, parmi les

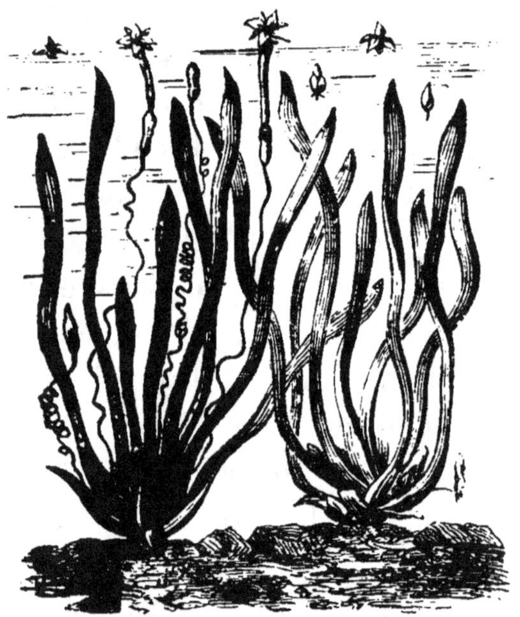

Fig. 43. — Vallisnérie.

micrographes, pour l'observation de la circulation
de la séve, et parmi les botanistes à cause de son
mode de fécondation vraiment merveilleux.

La Vallisnérie a des racines vivaces et prospère le
mieux dans un lit de terre tourbeuse, recouverte de
cailloux ; mais elle viendra également bien dans un

fond de gravier seulement. On devra l'installer, autant que possible, avant sa floraison.

Cette plante croît dans les eaux douces du Midi,
où elle forme, en certains endroits, des amas considérables. De ses racines fibreuses et vivaces partent
des touffes de longues feuilles rubanées, du centre
desquelles s'élèvent les hampes qui portent les fleurs,
dont les sexes sont séparés. Les fleurs mâles, très-
petites, sont réunies en grand nombre dans une
spathe ou enveloppe qui s'ouvre en trois valves, et
qui est portée par une hampe très-courte. Les fleurs
femelles, beaucoup plus grandes, sont solitaires à
l'extrémité d'une très-longue tige tortillée en spirale
comme un ressort à boudin. Lorsque le printemps
fait sentir sa douce haleine, on voit se produire le
merveilleux phénomène qui accompagne la fécondation de cette plante. La spathe qui renferme les fleurs
mâles s'ouvre, et celles-ci, se détachant de leur support, viennent flotter librement à la surface de l'eau.
Jusque là les fleurs femelles étaient restées au fond
de l'eau, retenues par leur hampe, qui formait une
spirale à tours serrés en tire-bouchon ; mais à ce
moment, le ressort se détend, la spirale écarte ses
anneaux, et la fleur vient balancer à la surface du
liquide, sa corolle épanouie. Là elle rencontre les
fleurs mâles, qui répandent sur elle leur pollen fé-
condant. Lorsque la fécondation est opérée, la hampe

qui porte la fleur femelle resserre de nouveau sa

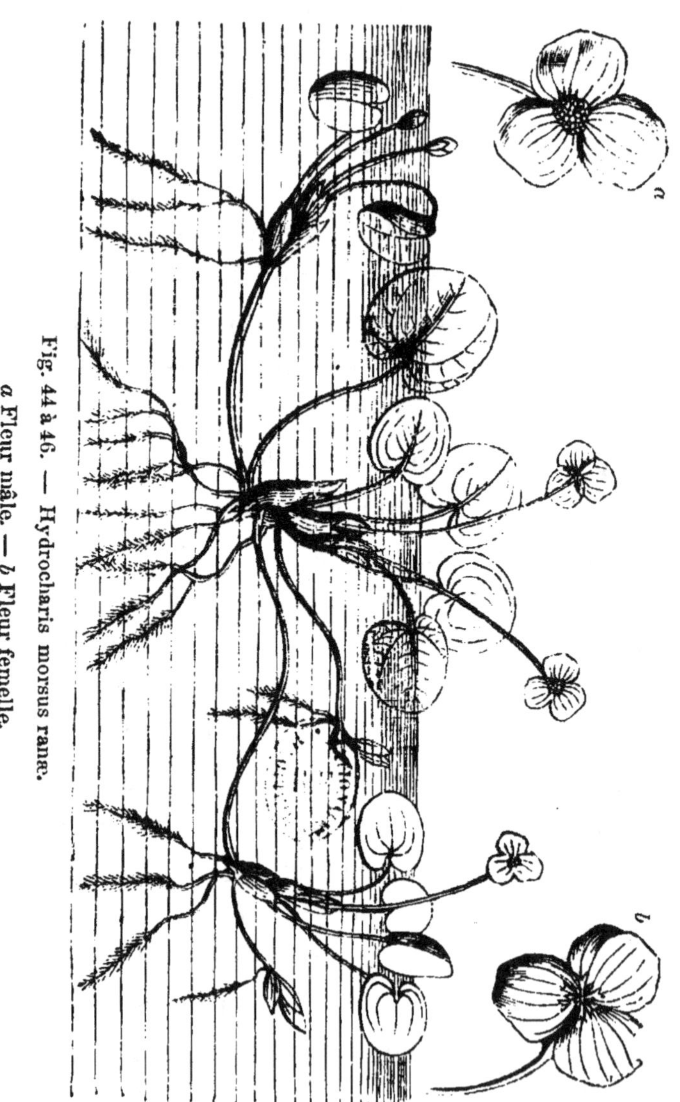

Fig. 44 à 46. — Hydrocharis morsus ranæ.

a Fleur mâle. — b Fleur femelle.

spire, et le fruit va mûrir au fond de l'eau.

La Morrène (*Hydrocharis morsus ranœ*) est le type de la famille des Hydrocharidées qui, avec celle des Naïadées, fournit le plus grand nombre des plantes utiles à l'aquarium. C'est à cette famille qu'appartiennent le Stratiotes, la Vallisnérie, l'Anacharis, dont nous avons déjà parlé.

La Morrène est une jolie plante ; assez commune dans les mares et les ruisseaux, à la surface desquels elle étale élégamment ses feuilles arrondies, qui la font ressembler à un Nymphæa en miniature. Cette plante produit dans l'eau des rejets traçants, d'où naissent, de distance en distance, de petites tiges qui portent les feuilles disposées comme par paquets. Les pédoncules des fleurs, au nombre de quatre ou cinq, sortent de l'aisselle des feuilles. Ces fleurs, composées d'un calice de trois feuilles et de trois pétales blancs et arrondis, font un joli effet.

La Morrène croît et fleurit parfaitement dans l'aquarium, à la condition qu'il n'y ait pas de colimaçons d'eau, car ces animaux paraissent avoir un goût particulier pour cette plante, surtout les Lymnées, qui en font disparaître une large touffe en quelques semaines. On peut reproduire la Morrène à l'infini, par la séparation des faisceaux de feuilles, qui, placées à la surface de l'eau, ne tardent pas à produire des racines.

Les Potamots (*Potamogeto..*) ou *Épis d'eau* sont

des herbes vivaces, dont les feuilles submergées sont d'un tissu très-délicat. Les fleurs sont très-petites et disposées en épis qui émergent à la surface de l'eau. Très-répandus dans toutes les eaux stagnantes ou

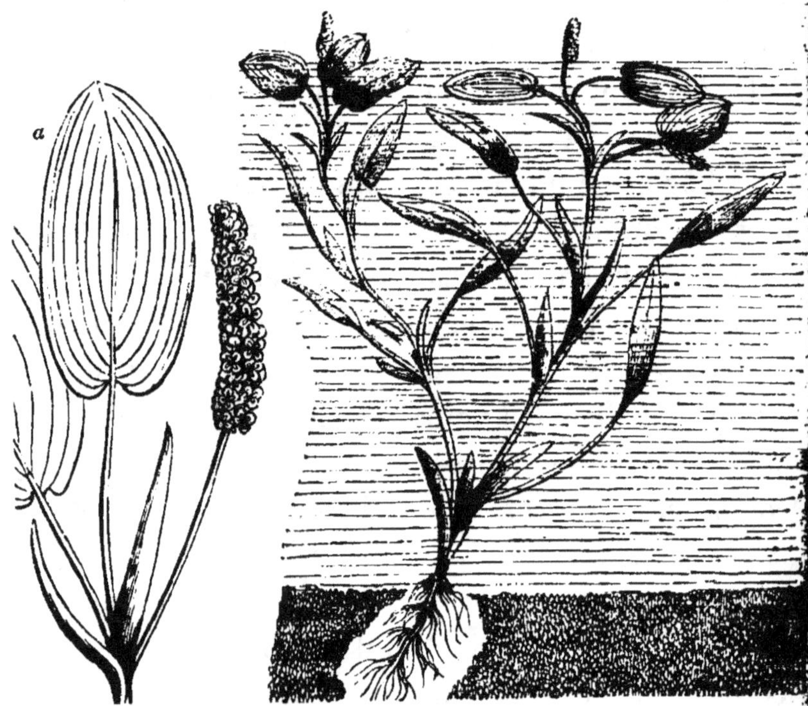

Fig. 47 et 48. — Potamogeton natans.

a Extrémité florale.

d'un cours peu rapide, les Potamots couvrent souvent d'immenses étendues de leur feuillage d'un vert bleuâtre. Ce sont des plantes peu ornementales, mais elles viennent bien dans l'aquarium et y produisent l'oxygène en abondance.

Les *Potamogeton natans*, *pectinatus*, *densus*, et surtout le *crispus*, dont les feuilles sont ondulées sur les

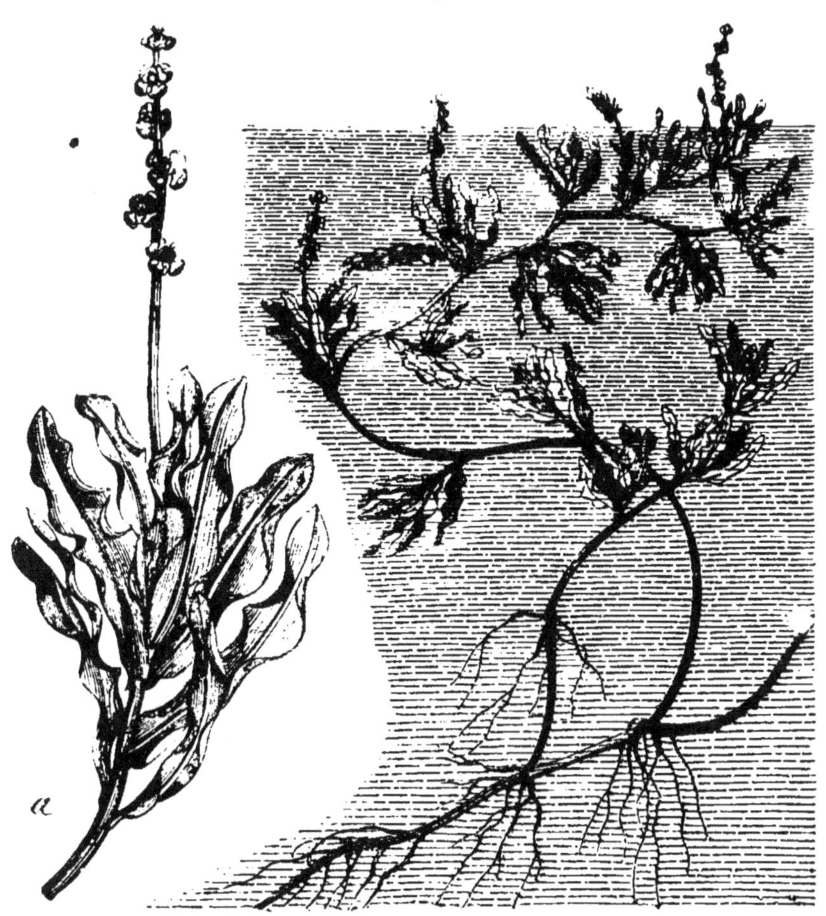

Fig. 49 et 50. — Potamogeton crispus.
a Grandeur naturelle.

bords, sont les plus propres à vivre dans l'aquarium.

L'Aponogeton fourchu (*Ap. distachyus*), qui appartient à la même famille que les Potamots, à

celle des Naïadées, bien qu'originaire du cap de
Bonne-Espérance, prospère très-bien dans nos cli-
mats. C'est une jolie plante à souche tubéreuse, vivace, qui émet des feuilles oblongues, nervées, na-

Fig. 51. — Aponogeton distachyus.

geantes, portées sur de longs pétioles. La hampe
qui porte les fleurs est bifurquée au sommet, et
chaque branche se garnit, depuis le mois de mai
jusqu'en septembre, de petites fleurs blanches d'une
odeur très-agréable, qui rappelle celle de l'Hélio-

trope. Elle dure quelque temps simplement plantée dans un fond de sable ; mais si l'on veut la conserver, et elle en vaut la peine, il faut la cultiver en un pot que l'on tient plongé au fond de l'eau. On la multiplie au printemps par la division de la souche.

Les *Naïades*, type de la famille des Naïadées, à laquelle appartiennent également les Lemna, le Callitric, les Potamots, sont de petites plantes très-abondantes dans les étangs et les rivières, dont elles garnissent les bords peu profonds. La tige et les rameaux se bifurquent plusieurs fois et sont couverts de petites feuilles linéaires, raides, épineuses. Les petites touffes dressées que forment ces plantes, ressemblent à de petits arbres verts, et font un fort joli effet lorsqu'on les place sur le devant de l'aquarium.

III. *Plantes émergées ne vivant que temporairement dans l'aquarium.* — Toutes les plantes aquatiques peuvent vivre temporairement dans l'aquarium, soit coupées du pied et plantées dans le sable où on les maintient au moyen de quelques cailloux, soit en pots que l'on plonge dans l'eau à 10 centimètres au moins au-dessous de la surface. Les Renoncules d'eau, le Rossoli, les Nymphæa, le Menyanthes ou trèfle d'eau, l'Hottonia des marais, l'Alisma plantain d'eau, les Villarsia, viendront bien ainsi.

La Renoncule d'eau (*Ranunculus aquatilis*),

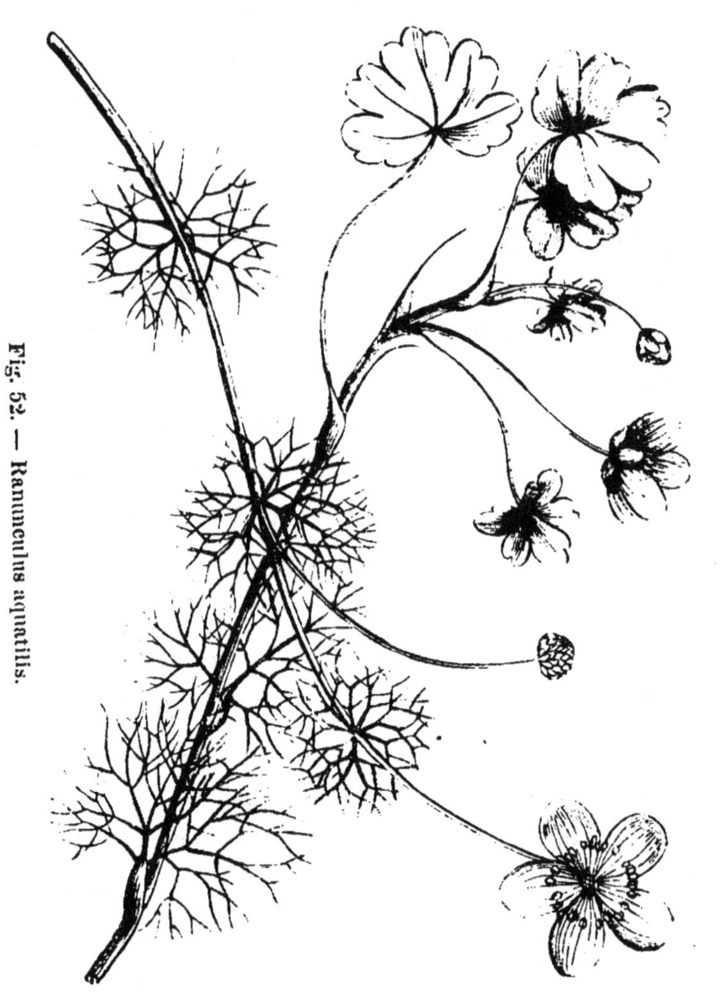

Fig. 52. — Ranunculus aquatilis.

dont la tige s'allonge suivant la profondeur de l'eau

pour venir flotter à la surface, est une jolie plante, qui fleurit depuis la mi-mai jusqu'en septembre. Elle porte deux sortes de feuilles : les supérieures, qui flottent à la surface de l'eau, sont entières, plus ou moins arrondies ou réniformes ; les inférieures, qui sont submergées, se subdivisent en lanières très-étroites, souvent capillaires.

Si l'on choisit de belles tiges que l'on coupe du pied, et que l'on attache ensemble par un fil à une pierre, pour les maintenir au fond de l'aquarium, elles y vivront ainsi un mois ou six semaines.

Le Rossoli (*Drosera rotundifolia*) est une petite plante (fig. 53), très-curieuse à observer. De sa racine fibreuse et noirâtre, pousse un bouquet de petites feuilles rondes, portées sur de longs petioles velus. Ces feuilles sont couvertes, à leur face supérieure, et surtout sur les bords, de poils glanduleux rougeâtres, doués d'une irritabilité singulière. Si une mouche ou tout autre insecte vient à se poser sur une de ces feuilles, aussitôt les poils qui la garnissent se rapprochent, s'entre-croisent, enserrent l'insecte comme dans un filet, et ne lâchent leur proie que lorsqu'elle ne remue plus. Les poissons et les reptiles aquatiques fréquentent le voisinage de cette plante dans l'espoir d'une proie facile. Du milieu du bouquet de feuilles, naissent une ou plusieurs tiges grêles qui portent un épi de petites fleurs blanches.

C'est une charmante et curieuse plante qui garnit

Fig. 53. — Drosera rotundifolia.

agréablement l'aquarium, mais n'y vit pas long-temps.

Les Nymphæa et Nénuphars sont d'une culture difficile, en ce qu'ils demandent un sol terreux pour

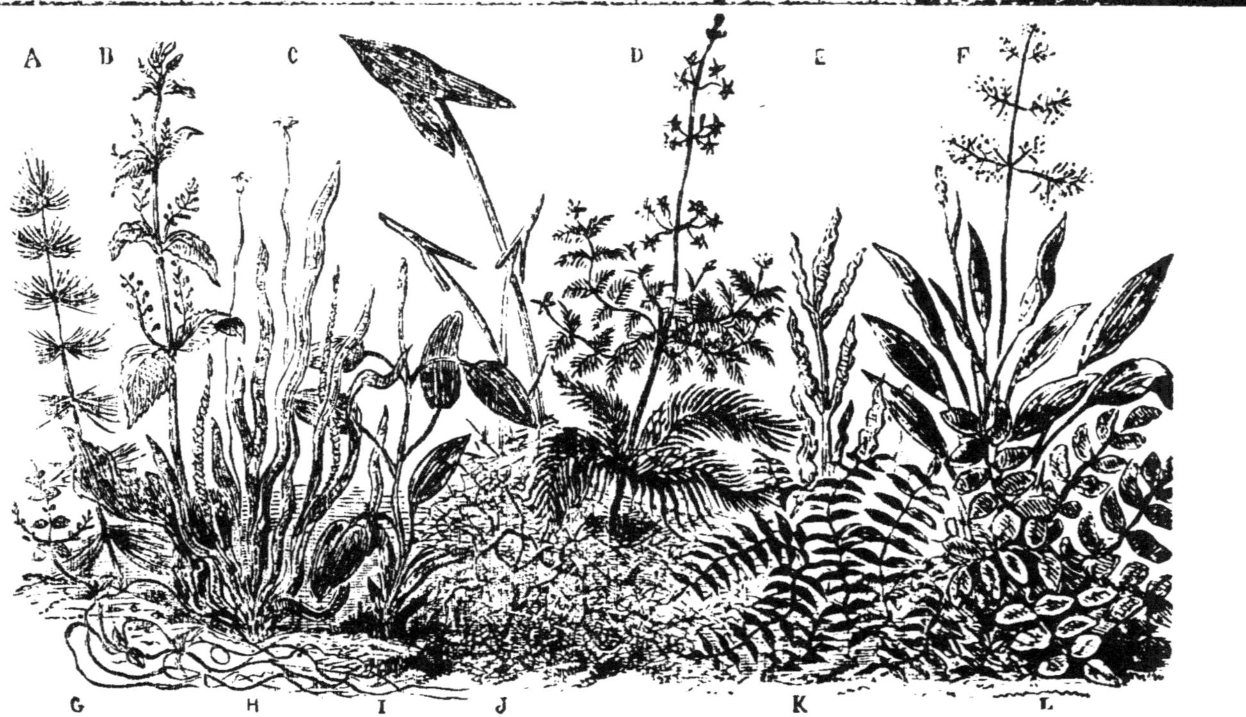

Fig. 54 à 65. — A. Chara vulgaris. — B. Veronica Beccabunga. — C. Sagittaria sagittæfolia. — D. Hottonia palustris. — E. Potamogeton crispus. — F. Alisma Plantago. — G. Veronica scutellata. — H. Vallisneria spiralis. — I. Potamogeton natans. — J. Potamogeton pectinatus. — K. Potamogeton setaceus. — L. Potamogeton lucens.

étendre leur gros rhizome. On peut cependant mettre
en pot et placer dans l'aquarium la *Nymphæa pyg-
mœa*, charmante petite espèce à fleurs blanches, et
à feuilles rouges en dessous. Cette jolie plante, originaire du nord de la Chine, vient très-bien.

Fig. 66. — Calla æthiopica.

D'autres plantes encore peuvent se conserver pendant un certain temps dans l'aquarium, plantées
dans des pots complétement immergés ; tels sont
l'*Alisma* ou plantain d'eau ; l'*Hottonia*, le beau
Calla (fig. 66), avec ses feuilles en flèches et son
cornet floral d'un blanc pur ; le *Butome* ou jonc

fleuri, aux bouquets de fleurs roses; l'*Acorus Ca-*
lamus; le *Carex pseudocyperus* (fig. 69); le *Caltha*
palustris, aux fleurs jaunes; l'*Isolepis setacea,* aux
tiges grêles et soyeuses; le *Cyperus alternifolius*

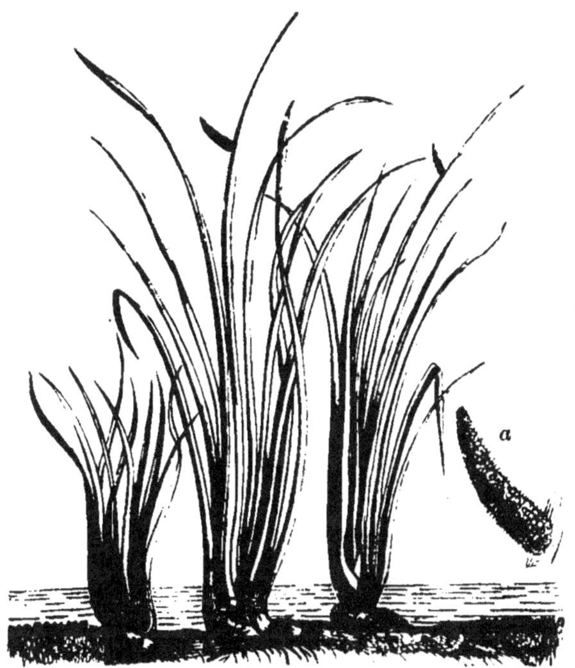

Fig. 67 et 68. — Acorus Calamus.
a Épi de fleurs.

(fig. 73) ou petit Papyrus. On peut placer la plupart
de ces plantes dans l'aquarium pour jouir de leur
beauté pendant leur floraison, et les en retirer après,
pour les réintégrer dans leurs quartiers habituels.

Quant aux grandes plantes aquatiques qui vivent

Fig. 69 à 72. — Carex pseudocyperus.

a Epi femelle. — *b* Fleur femelle. — *c* Fleur mâle.

les pieds dans l'eau, comme les Roseaux, les Joncs, les Souchets, les Sagittaires (fig. 77), les Iris, les Salicaires etc., elles ne sont pas propres à figurer dans l'aquarium et ne peuvent prospérer que dans des bassins de jardin.

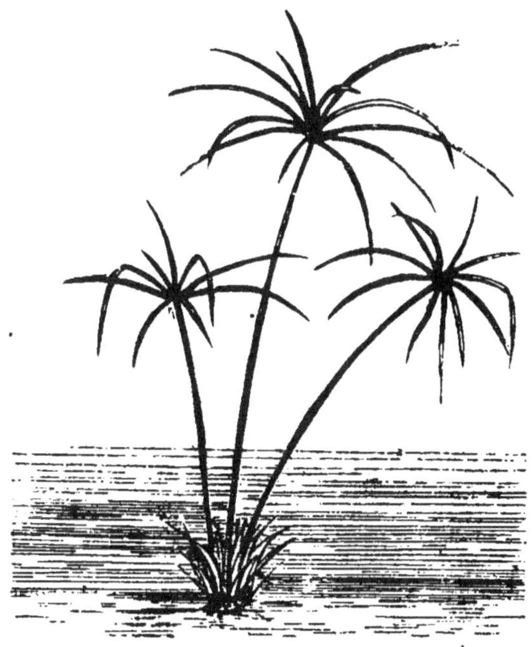

Fig. 73. — Cyperus alternifolius.

Le charmant *Myosotis palustris* (fig. 75), connu vulgairement sous le nom de *Ne m'oubliez pas*, et qui orne si gracieusement le bord des eaux, peut être avantageusement placé dans les trous des ro-cailles, où ses touffes, couvertes de ravissantes fleurs d'un beau bleu de ciel, feront le plus joli effet.

Les amateurs de Fougères peuvent les employer à l'ornementation de l'aquarium; au moins les espèces qui recherchent l'humidité et croissent dans les cavités moites et sous les chutes d'eau. Parmi celles-ci, figurent, au premier rang, la belle *Osmonde royale*, le *Struthiopteris germanica*, la *Scolopendre officinale*, celle à feuilles étroites, le *Pteris serrulata*, *Ceratopteris thalictroides*, l'*Adiantum nigrum*. Ces belles plantes viennent très-bien dans des pots plongés de quelques centimètres seulement dans l'eau. On peut encore les planter dans des trous que l'on aura réservés dans les rocailles; mais il faut éviter que leurs souches plongent dans l'eau, car elles y pourriront promptement (fig. 74, 83 à 94).

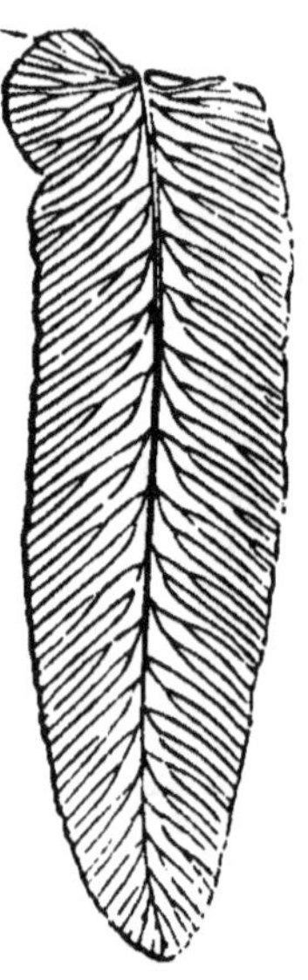

Fig. 74.
Osmunda regalis.

Si les Fougères sont groupées autour d'un rocher garni d'un jet d'eau, il faut éviter que l'eau y retombe et y puisse séjourner. Dans ce but on recouvrira la terre de quelques plaques d'ardoise ou de tessons inclinés vers le bord pour faciliter l'écoulement du liquide. La meilleure terre à leur donner est un composé d'une partie de sable, trois de tourbe et une charbon de bois pilé. On plante les souches,

autant que possible, lorsqu'elles poussent de nouvelles crosses, et l'on coupe les vieilles frondes.

J'ai vu chez un amateur un charmant aquarium,

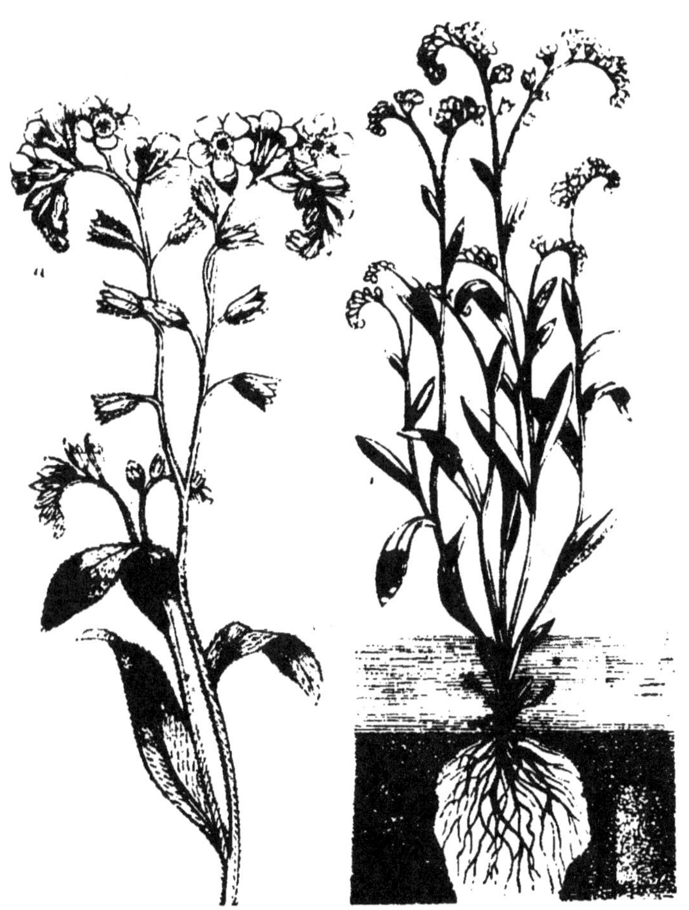

Fig. 75 et 76. — **Myosotis palustris.**
a **Extrémité en fleur.**

qui remplissait le double but d'un réservoir aquatique et d'une jardinière. Il était entouré de trois

Fig. 77 à 79. — Sagittaria sagittæfolia.

a Fleur mâle, vue en dessus.
b Fleur mâle, vue de côté, et fleur femelle.

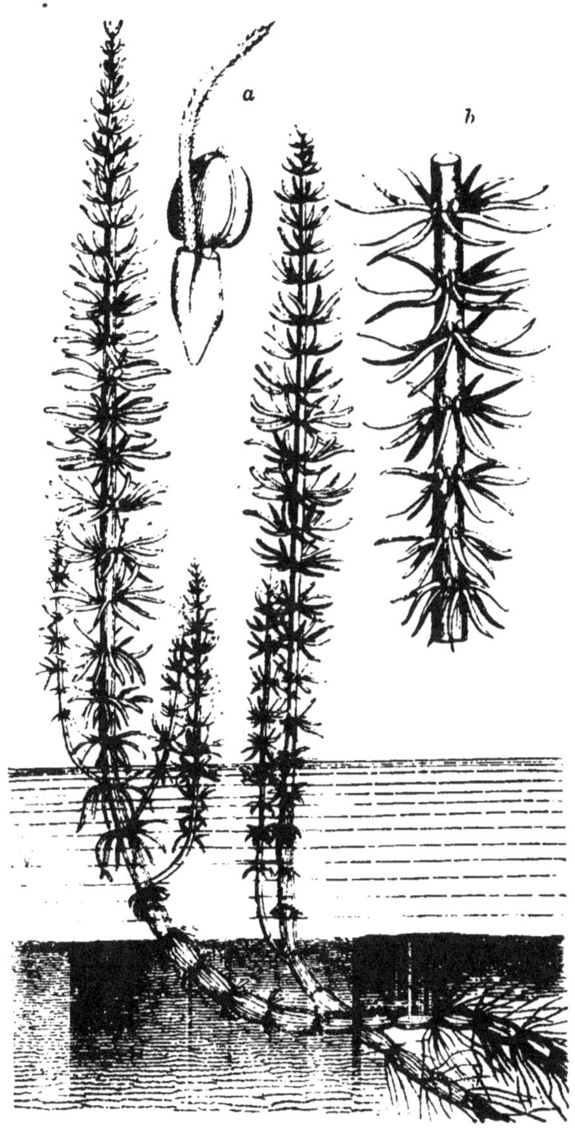

Fig. 80 à 82. — Hippuris vulgaris.
a Fleur. — *b* Tige.

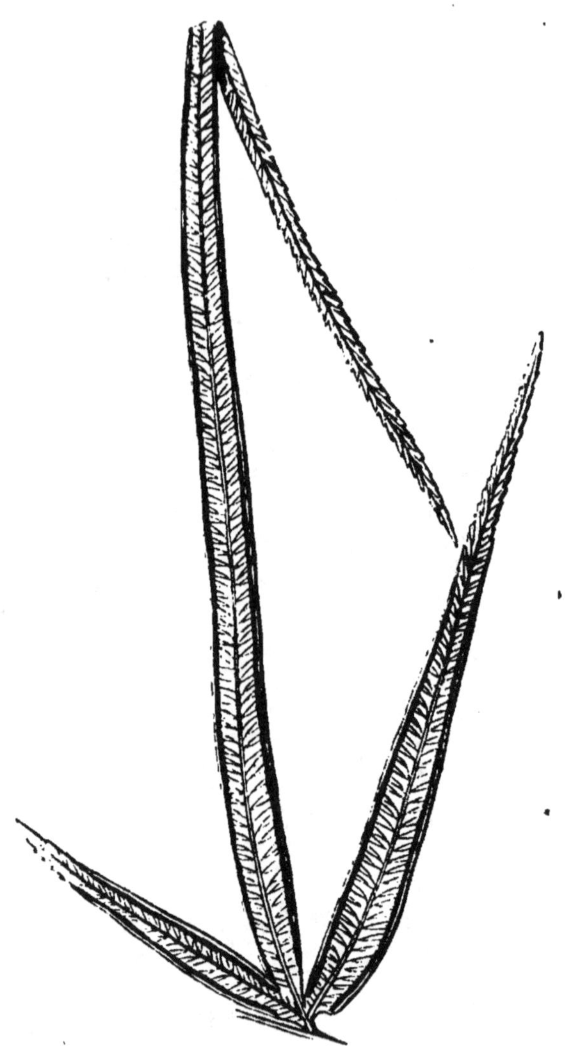

Fig. 83. — Pteris serrulata.

côtés — au fond et latéralement — par des caisses en bois pleines de terre et remplies de plantes. Ce jardin, égayé çà et là par quelques touffes de Fougè-

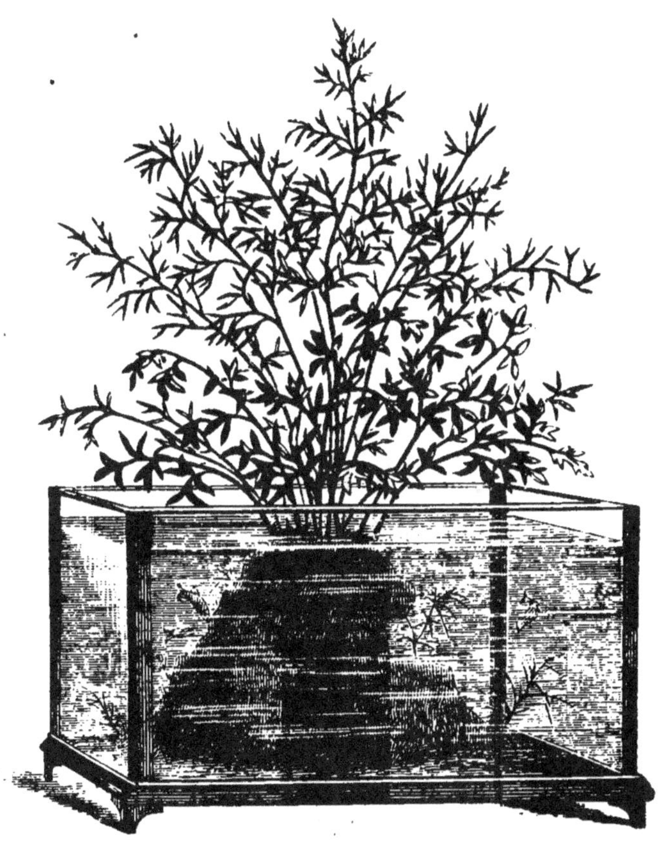

Fig. 84. — Ceratopteris thalictroides.

res, formait la rive de l'étang en miniature. Accessible à tous les animaux amphibies du bassin, il servait aux ébats des batraciens, ainsi qu'aux larves qui se retirent dans la terre pour y subir leur trans-

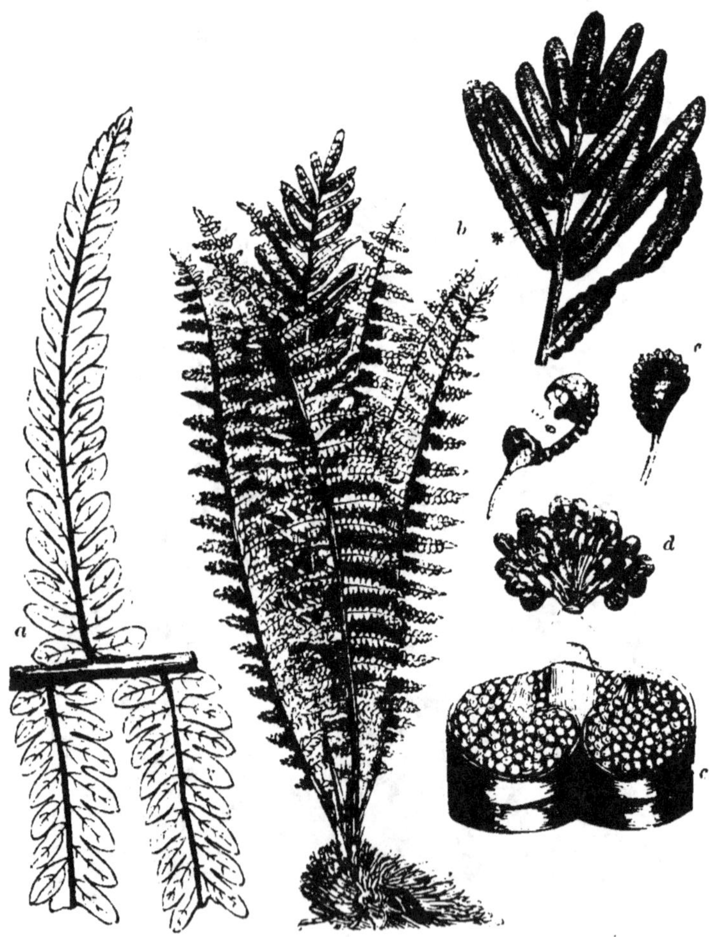

Fig. 85 à 89. — Struthiopteris germanica.

a Fronde. — *b* Fronde avec fructification. — *c* Coupe faite à la fig. *b* à l'astérisque. — *d* Fructification. — *e* Sporange ouvert et déchiré.

formation. Pour empêcher les animaux de s'échapper, le réservoir et le jardin étaient recouverts d'un

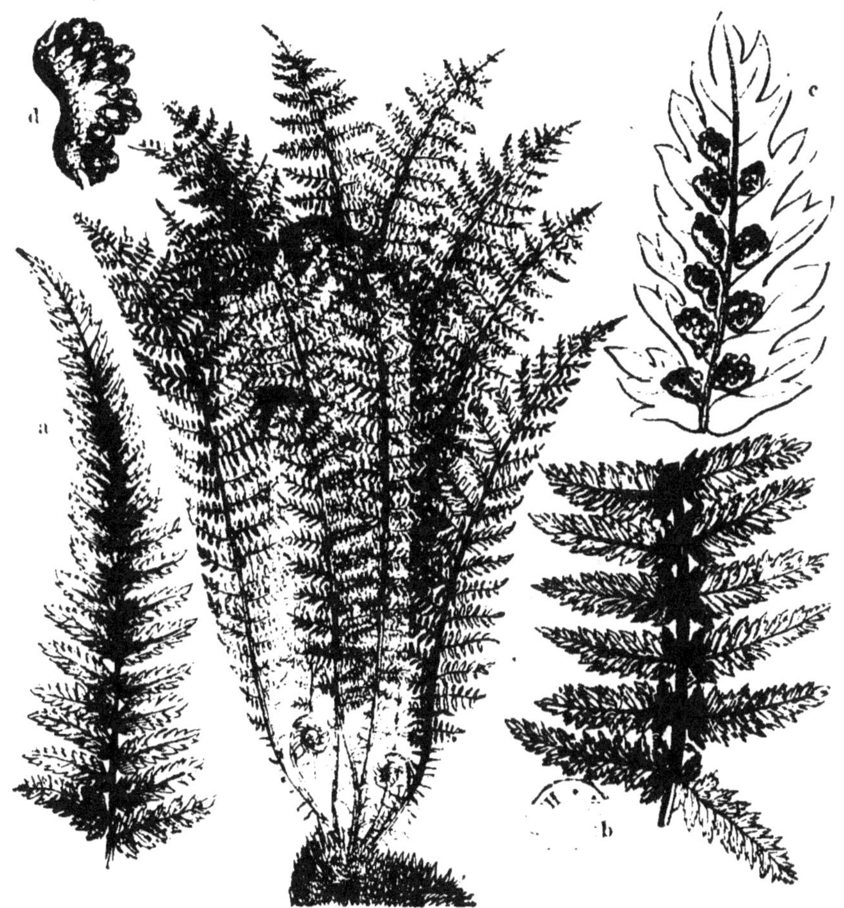

Fig. 90 à 94. — Athyrium filix femina.
a, *b* Fronde. — *c* Fronde vue dessous avec la fructification.
— *d* Fructification.

toit de verre mobile à volonté et s'ouvrant comme un châssis par devant. Les plantes prospéraient à

6

merveille dans cette atmosphère humide, et formaient un véritable Eden pour les animaux.

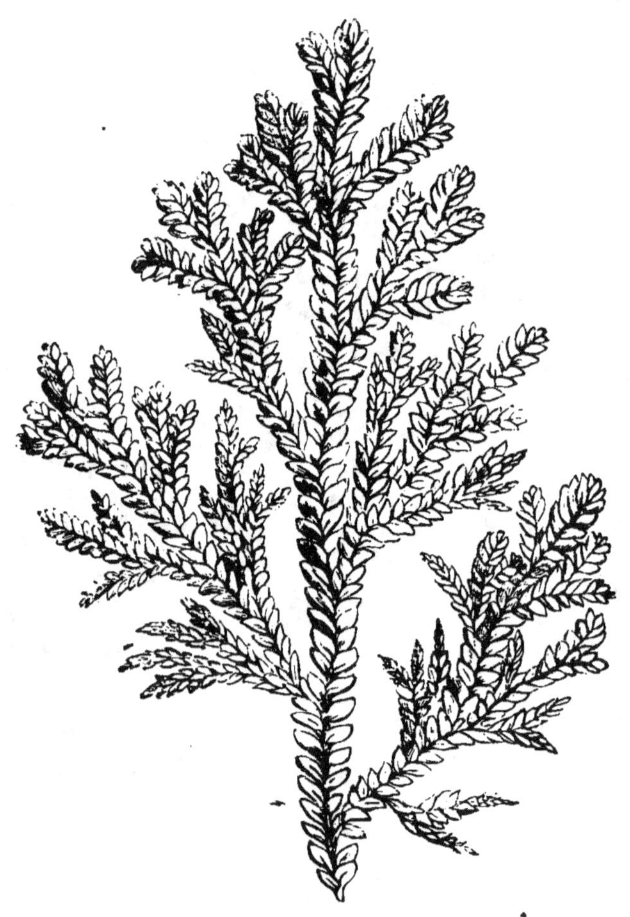

Fig. 95. — Selaginella Martensii.

Les Sélaginelles (fig. 95 à 98), qui se multiplient de boutures, prospèrent également dans les

Aquariums, et nous citons de préférence les *Selagi-nella Martensii*, *pilifera*, *helvetica et hortensis*.

 IV. *Végétation cryptogamique*. — Les plantes auxquelles Linné donnait le nom de *Cryptogames* sont celles chez lesquelles les organes sexuels

Fig. 96. — Selaginella helvetica.

manquent, ou tout au moins sont cachés, et ne res-semblent en rien à ceux des plantes à fleurs. Parmi ces plantes d'une structure élémentaire, quelques-unes font leur apparition naturellement dans l'aqua-rium, sous l'influence de la lumière, et leur développement doit être encouragé, bien que réglé, comme très-utile. D'autres n'y viennent pas spontanément, et l'on peut les y introduire comme objets d'étude.

Fig. 97. — Selaginella hortensis.

Parmi ces plantes, les conferves, que la nature a répandues partout avec un luxe infini, forment des masses de filaments tubuleux, fins comme des cheveux, d'un vert brillant comme de la soie;

leur finesse et leur lustre leur a valu le nom de *soies végétales*. Elles croissent dans toutes les eaux douces, sur les pierres, les roches, les bois immergés. Celles que l'on trouve fixées sur

Fig. 98. — Selaginella pilifera.

les pierres peuvent être transportées avec leur support dans l'aquarium, où elles viendront bien. Leurs tubes cloisonnés sont remplis d'une matière granuleuse verte, agglomérée au centre de cha-

que article en un noyau qui, plus tard, se ré-
sout en une multitude de spores munies d'un rostre, et qui se meuvent en tous sens comme des
infusoires. Ce sont leurs organes de reproduction,
et ce phénomène est très-curieux à étudier. Si
l'on emploie le micaschiste pour la construction des

Fig. 99. — Diatomées appendues aux ramules d'une conferve.

rocailles de l'aquarium, on verra s'y développer
en peu de temps une riche végétation spontanée.
Les Oscillariées, les Zygnema, les Diatomées sont
des objets d'études microscopiques pleins d'intérêt, et, en outre, de bons producteurs d'oxygène.

Les mousses qui croissent au bord des eaux viendront bien dans les trous des rochers qu'elles pare-

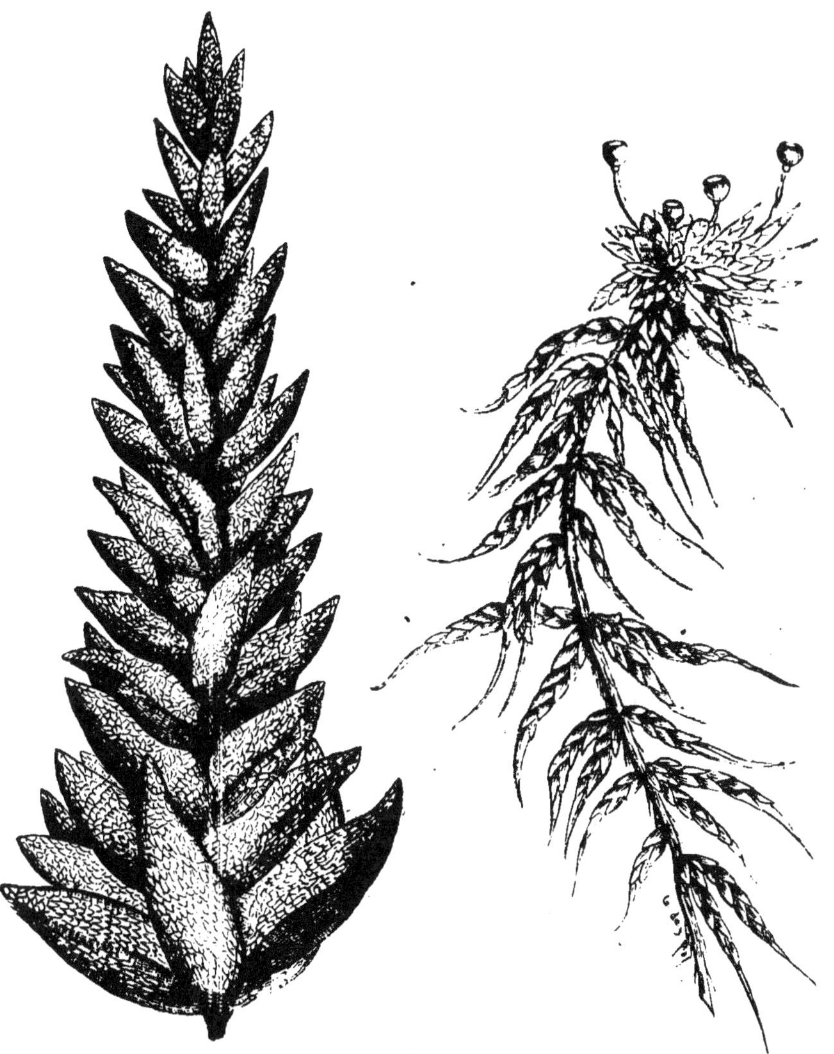

Fig. 100. — Sphagnum squarrosum aquatique.   Fig. 101. — Sphagnum cymbifolium.

ront de leur gaie verdure ; telles sont les Sphagnum,
l'Hedwigia, les Hypnes, les Fontinales etc.

CHAPITRE VIII.

APPROVISIONNEMENT DE L'AQUARIUM.

Exploration des eaux. — La pêche.

L'aquarium bien garni de plantes, il faut songer à le peupler d'habitants. Parmi les animaux les plus propres à y figurer, quelques-uns peuvent être obtenus à prix d'argent chez des marchands, surtout les poissons, les tritons, les grenouilles et quelques insectes, tels que les hydrophiles et les dytiques. Mais une heure de pêche dans un étang, une mare ou un ruisseau en apprendra plus sur les mœurs des animaux aquatiques que tous les achats du monde. Rien d'ailleurs n'est plus agréable et plus sain qu'une excursion à la campagne, à la recherche des animaux et des plantes; rien n'est plus intéressant et plus profitable que l'étude de la nature.

Tout le monde connaît les diverses manières dont on pêche les poissons; de nombreux traités spéciaux existent sur la matière[1]; aussi n'entrerons-nous dans aucun détail à ce sujet. Nous indiquerons toutefois un moyen de pêche très-productif dans les petits

[1] LA BLANCHÈRE : *Les Poissons, leur Culture, Pêche* etc.; 1 vol. avec nombreuses vignettes. Paris 1872, J. Rothschild, éditeur.

cours d'eau ou au bord des rivières poissonneuses. On prend une carafe en verre blanc, dont le fond, en forme de nasse, est percé d'un trou assez large pour donner passage aux poissons. Au moyen d'une ficelle attachée au goulot on descend la carafe renfermant un peu de mie de pain ou de fromage de gruyère, et on la couche au fond de l'eau. Au bout de fort peu de temps la carafe est remplie de petits poissons qui, ne pouvant sortir par le goulot, bouché au moyen d'un petit filet ou d'une toile, et ne retrouvant pas le trou du fond de nasse, restent pris dans la bouteille, que l'on enlève aussitôt et dont on ferme le trou au moyen d'un bouchon. On prend ainsi des Vérons, des Goujons, des Épinoches, des Vaudoises, et beaucoup d'autres poissons de petite taille. Pour prendre les tritons ou Salamandres d'eau, les têtards, les insectes d'eau et les larves, on emploie le troubleau. C'est une poche en fort canevas, assez clair pour que l'eau s'écoule facilement au travers, et dont les mailles sont cependant assez serrées pour que les petits insectes n'y puissent passer. Cette poche se monte sur un très-fort fil de fer ployé en demi-cercle allongé, dont la corde ou côté droit est au sommet. L'ouverture doit avoir de 30 à 35 centimètres de large et la poche environ 45 centimètres de profondeur. La partie ronde du fil de fer se termine par deux courtes tiges recourbées à angle droit, entrant dans la douille de fer ou de cuivre qui termine le manche, celui-ci doit être léger, en roseau ou en bambou, comme les cannes à pêche, et un peu long.

Fig. 102.
Troubleau.

On pêche avec cet instrument dans les eaux peu profondes des mares, des étangs et des petites rivières. C'est surtout dans les eaux stagnantes, échauffées par les rayons du soleil, que la pêche sera abondante. On traîne le troubleau au fond de l'eau dans la vase, à travers les plantes aquatiques, et on l'y promène de droite et de gauche. On doit se munir également d'une boîte en fer-blanc dont le couvercle est percé de trous, afin d'y laisser pénétrer l'air, pour y mettre les tritons, les grenouilles et autres gros animaux, et de plusieurs petits bocaux à large ouverture, pour les insectes, les larves et les petits crustacés.

Toute mare, tout ruisseau, peuvent être scrutés avec avantage; mais les résultats ne sont pas les mêmes, et les espèces que l'on trouvera dans les eaux claires et courantes d'un ruisseau, différeront généralement de celles que le troubleau ramènera du fond d'une mare aux eaux troubles et vaseuses.

Les mares formées dans un terrain graveleux sont généralement bien fournies de tritons, de mollusques et de têtards ; mais les diverses espèces de dytiques, d'hydrophiles et de larves sont plus abondantes dans les mares des prairies; les fossés et les ruisseaux sont la demeure habituelle des larves de phryganes, des araignées d'eau, des hydres et des punaises d'eau.

Lorsqu'on est arrivé dans un lieu propice à la pêche, sur le bord d'un ruisseau garni de plantes aquatiques ou d'une mare herbeuse, et qu'on y a fait choix d'une place commode donnant accès au bord de l'eau, la première chose à faire est de préparer ses fioles ou ses boîtes de métal prêtes à recevoir les produits de la pêche. On les remplit d'eau claire et l'on y plonge quelques tigelles d'herbes aquatiques; le Callitric est la meilleure. L'eau des fioles doit être très-claire, parce que les animaux devant être le plus propre possible, s'y nettoieront d'eux-mêmes par leurs mouvements et seront prêts à être mis au retour dans l'aquarium ou les bocaux de la réserve. On explorera d'abord les rives, en promenant le filet le long des herbes aquatiques, le moins brusquement possible, puis, étendant le filet plus loin devant soi, on le ramènera à ses pieds, à

quelque distance du bord pour éviter que plusieurs
animaux regagnent l'eau avant qu'on ait pu les prendre et les répartir dans les divers bocaux. Chaque
coup de filet ramènera du fond vaseux une immense
variété d'êtres bizarres et curieux. Les œufs de
toute espèce peuvent être mis dans la même fiole
avec les mollusques, les têtards, les phryganes et
les hydrophiles; mais les dytiques, leurs larves
et celles des libellules, les notonectes, doivent être
mis, à cause de leur voracité, dans des bouteilles à
part.

Un excellent moyen pour se procurer facilement,
en grand nombre, des animaux d'eau douce, et
souvent des plus rares, est d'épier toutes les oc-
casions où se vide l'eau des étangs et des mares,
soit pour la pêche, soit pour toute autre raison.
On n'a plus qu'à les ramasser dans la vase ou à
les prendre au troubleau dans les petites flaques
d'eau qui restent; les animaux y seront réunis en
grand nombre et l'on n'aura que l'embarras du
choix.

Rentré au logis, on répartit ses nouveaux pen-
sionnaires dans leurs divers départements. Au lieu
de jeter les fragments d'herbes et les tigelles qui
auront servi au transport, on les placera pêle-
mêle dans un vase. Au bout de quelques heures
elles se seront déposées au fond, et, à l'aide d'une

loupe, on pourra découvrir de nouvelles richesses. On obtient par ce moyen de nombreux et
curieux objets pour le microscope, tels que rotifères, hydres, planaires et infusoires de toutes
sortes.

CHAPITRE IX.

LES POISSONS.

Généralités. — Maladies. — Nourriture.

Connaître les mœurs des animaux est pour le naturaliste comme pour le chasseur et le pêcheur la première condition à remplir. Mais les habitants des eaux ne sont pas faciles à étudier dans leurs retraites habituelles, et quelques heures passées devant un aquarium en apprendront souvent beaucoup plus à ce sujet qu'une longue pratique de pêcheur.

Les poissons sont les habitants de l'eau par excellence; ils naissent dans l'eau, vivent et meurent dans l'eau. Quand on les retire de ce milieu, ils succombent à une sorte d'asphyxie. Les poissons sont en même temps les hôtes les plus variés, les plus vifs et les plus brillants d'un aquarium. Leur forme est en général svelte et gracieuse, et leurs couleurs égalent souvent en vivacité celles des plus beaux oiseaux et des plus brillants insectes. La mer est beaucoup plus riche en poissons que les eaux douces; celles-ci possèdent à peine le dixième du nombre des espèces que l'on connaît aujourd'hui; mais les poissons d'eau douce sont beaucoup plus faciles à élever dans l'aquarium que les espèces marines.

Rien n'est plus gracieux que de voir les poissons nager dans l'eau. Les uns circulent dans tous les sens avec la plus grande rapidité et font en un seul bond dix fois le tour de l'aquarium ; d'autres, plus graves, nagent plus lentement et permettent à l'observateur de surprendre leurs moindres mouvements. Les uns se tiennent à la surface ou entre deux eaux, d'autres, au contraire, ne quittent guère le sable du fond ou restent blottis sous les anfractuosités des rochers ou dans les touffes des plantes aquatiques. Quelques-uns, au temps des amours, revêtent comme les oiseaux les plus belles couleurs.

Comme dans les autres classes d'animaux, les divers genres de poissons ont des mœurs et des habitudes fort différentes : les uns sont carnassiers et très-voraces, tandis que d'autres se contentent de brouter les prairies sous-marines. Ceux-ci sont de mœurs douces et pacifiques ; ceux-là ont des habitudes cruelles et batailleuses. Il serait donc imprudent d'introduire ensemble dans l'aquarium des espèces de mœurs aussi différentes. Les Brochets, les Perches, les Anguilles, les Épinoches, devront toujours être, sinon proscrits de l'aquarium, au moins séparés des espèces inoffensives. La voracité des uns, le caractère querelleur et batailleur des autres entraîneraient des accidents déplorables. Quelques espèces qui n'ont pas l'habitude de vivre dans

les eaux dormantes, ne supporteraient pas la réclusion : la Truite, le Saumon, la Lamproie sont des
poissons voyageurs; c'est donc inutilement qu'on
tenterait de les conserver dans un aquarium.

Parmi les espèces qui se plaisent dans l'aquarium
et que l'on a la certitude d'y conserver avec quelques
soins, nous citerons d'abord le Cyprin doré, ou poisson rouge, qui présente les teintes les plus riches et
les plus variées ; les Vérons qui revêtent au printemps les plus belles couleurs, la Carpe et la Tanche
qui deviennent familières au point de venir prendre
la nourriture entre les doigts. Le Gardon, la Vaudoise, la Loche vivent bien dans l'aquarium et contribuent à lui donner un aspect animé. Le Meunier,
la Brème, le Chabot et les Ablettes sont moins robustes et difficiles à conserver.

De tous les habitants de l'aquarium, ce sont les
poissons qui ont le plus besoin d'une eau richement
oxygénée ; aussi ne les introduira-t-on dans le bassin que lorsque les plantes y auront déjà fonctionné
quelque temps. Leur nombre devra être proportionné
à la quantité d'eau, et celle-ci maintenue fraîche autant que possible. En temps d'orage, ou quand l'eau
n'est pas suffisamment aérée, on voit les poissons
monter à la surface sucer l'air atmosphérique avec
avidité et donner des marques non équivoques de
malaise. Il faut alors ou diminuer le nombre des ha-

bitants, ou augmenter la quantité d'eau ; sans cette précaution on verra bientôt les plus faibles languir et se retourner sur le dos pour ne plus se relever. Il faut compter au moins 1 litre d'eau pour chaque petit poisson de 4 à 5 centimètres, 2 ou 3 litres pour un poisson de 8 à 10 centimètres, et 6 à 8 litres pour de plus gros poissons.

La chaleur et la présence de matières en décomposition dans l'aquarium déterminent souvent chez les poissons une maladie parasitaire dont ils reviennent rarement. Dès qu'on s'aperçoit qu'un individu en est atteint, il faut le retirer aussitôt et le placer dans un vase à fond de gravier, où il puisse se frotter. Mais le plus souvent le mal est incurable, les écailles se soulèvent, tombent et le poisson meurt. Parfois aussi la queue se recouvre de végétation parasite; le seul remède dans ce cas est de la couper avec des ciseaux ; elle repousse habituellement au bout de quelques semaines.

Un des spectacles les plus amusants que puisse offrir l'aquarium, est celui du repas des animaux.

Les poissons montrent une insatiable avidité ; manger est la grande affaire de leur existence; aussi les voit-on lutter de vitesse pour saisir leur proie, se sauver dès qu'ils l'ont happée, et se poursuivre souvent pour se l'enlever l'un à l'autre.

Il faut proscrire de l'alimentation la mie de pain,

l'hostie, les pâtes ; non que ces substances soient mauvaises comme aliment, mais parce que les portions qui restent dans l'eau entrent en fermentation, donnent un goût acide à l'eau et en troublent la transparence ; elles forment même à la longue une espèce de pellicule qui s'étend à la surface comme de l'huile et empêche le contact de l'air. Tout au plus pourra-t-on employer ce genre de nourriture pour de petits bocaux dont on change l'eau tous les jours. On pourra néanmoins donner la mie de pain aux poissons qui en sont friands, tels que la Carpe, le Gardon, le Véron, le Cyprin doré, en la pétrissant entre les doigts sous forme de très-petites boulettes, et en ayant soin de retirer du fond de l'eau celles que les poissons auront laissé échapper.

L'aliment le plus convenable est la viande cuite, ou même crue, très-divisée ; tous les poissons la mangent avec plaisir, et elle ne trouble pas l'eau lorsqu'elle tombe au fond, d'où on peut d'ailleurs la retirer facilement.

Les tout jeunes poissons ne prennent aucune nourriture du dehors ; pendant le premier mois qui suit leur naissance, ils sont pourvus d'une vésicule abdominale dont le contenu est successivement absorbé pour subvenir à leur nutrition. On peut ensuite les nourrir avec du jaune d'œuf durci que l'on émiette dans l'eau.

Il faut, autant que possible, que le fragment d'aliment offert à chaque individu soit en rapport avec les dimensions de sa bouche. Si le morceau est trop gros, comme il ne peut en engloutir qu'une partie, l'autre pend hors des mâchoires ; alors quelque voisin se précipite sur ce qui passe, et il s'engage un véritable combat, chacun tirant de son côté. Si, au contraire, la nourriture est trop ténue, elle tombe dans l'eau sans qu'aucun d'eux se donne la peine de la ramasser, et c'est surtout cette poussière d'aliments qui altère la pureté du liquide. Les petits vers de vase que les pêcheurs emploient comme appât, les mouches, les petites araignées et, en général, tous les insectes mous, sont pour les poissons un véritable régal ; ils ne sont pas d'ailleurs difficiles sur le choix de la nourriture, et l'on peut dire qu'ils happent et digèrent indifféremment presque toutes les substances végétales et animales qu'ils peuvent avaler.

Un repas ou deux au plus par semaine suffisent au besoin des habitants de l'aquarium ; les détritus végétaux, les animalcules qu'ils dévorent sans cesse leur servent de supplément.

Quant aux déjections, les mollusques en font leur affaire ; lorsque cependant elles s'accumulent au fond de l'aquarium, on doit l'en débarrasser au moyen d'un tube de caoutchouc que l'on promène sur le fond, ou du tube de verre droit pour les grosses ordures.

Les poissons qui peuplent les eaux douces de la France peuvent être divisés en deux catégories, eu égard aux dimensions qu'ils sont susceptibles d'acquérir. Dans la première nous rangeons l'Alose, l'Anguille, le Barbeau, la Brème, le Brochet, la Carpe, la Tanche, la Perche. — La deuxième comprendra l'Ablette et les Ables, le Chabot, l'Épinoche, le Gardon, le Goujon, la Loche, la Vaudoise, le Véron. Ces derniers poissons sont de petite taille, et par conséquent les plus propres à figurer dans un aquarium d'appartement. Nous ferons exception en faveur de la Carpe et de la Tanche, à cause de leur gentillesse et de la douceur de leurs mœurs; mises jeunes dans l'aquarium, elles ne s'y développeront que fort lentement.

Si l'on habite la campagne, à proximité d'un cours d'eau poissonneux, on pourra se procurer par la pêche la plupart de ces poissons. Dans ce cas, l'on emploiera de préférence les filets ou la carafe, l'hameçon blessant toujours plus ou moins le poisson. Dans le cas contraire, on devra s'adresser aux pêcheurs ou aux éleveurs. M. Carbonnier (quai de l'École) est, sans contredit, le plus expérimenté et le mieux assorti pour tout ce qui concerne cette vente.

CHAPITRE X.

LES POISSONS.

Famille des Cyprinoïdes. — Loches.

Nous commencerons notre revue des poissons d'eau douce par la famille des Cyprinoïdes, celle qui fournit à l'aquarium le plus grand nombre d'espèces et les plus vivaces. La Carpe, le Cyprin doré, le Barbeau, le Goujon, la Tanche, la Brème, le Gardon, la Vaudoise, l'Ablette, le Véron, la Bouvière, appartiennent à cette belle famille dont les membres se reconnaissent à leur petite bouche sans dents, aux trois rayons plats de leurs ouïes, à leur nageoire dorsale unique et à leurs grandes écailles. Ce sont les moins carnassiers de tous les poissons; à l'état de nature ils vivent en grande partie d'herbes, de graines et même de limon.

Le *Cyprin doré* ou *Dorade de la Chine*, si répandu partout sous le nom de *Poisson rouge*, est surtout remarquable par la beauté de ses couleurs. Introduit en Europe vers la fin du seizième siècle, sa domestication en Chine remonte à une haute antiquité. Les riches Chinois se plaisent à élever dans leurs demeures un grand nombre de variétés de ce joli poisson, qu'ils mélangent sans cesse pour en obtenir de nouvelles modifications. Peu d'animaux offrent plus de variations que le Cyprin doré, soit dans les couleurs, soit dans les formes. On en voit de rouges, de dorés, de blancs, d'argentés, de pies, de presque noirs. Les uns ont des formes élancées et élégantes; d'autres sont courts et ramassés. Chez les uns, la dorsale est très-développée; chez d'autres, elle est très-petite ou même réduite à l'état de moignon; la queue est très-large chez les uns, trilobée chez d'autres. Enfin il en est dont les yeux sont énormément gonflés. Cette espèce est très-prolifique dans l'eau tiède; mais ses couleurs sont beaucoup plus vives dans l'eau fraîche.

Malgré sa robe éclatante, ce poisson est le plus lourd et le plus stupide de la famille. Il aime le pain et le biscuit; mais comme il en laisse tomber la moitié au fond de l'eau, il vaut mieux ne pas lui en donner, ou au moins ne le lui donner qu'en boulettes comme nous l'avons déjà indiqué. C'est d'ailleurs une espèce robuste, qui vit parfaitement dans l'aquarium et supporte facilement les extrêmes de chaud et de froid.

On a souvent essayé de faire vivre le Cyprin doré en liberté dans nos étangs et nos rivières, mais il y disparaît toujours rapidement à cause de la guerre acharnée que lui font les animaux carnassiers, aux-

quels il n'a aucun moyen de résister, et que l'éclat
de ses couleurs ne manque jamais d'attirer

La Carpe (*Cyprinus carpio*) est le poisson le plus
répandu dans les eaux d'Europe. Son corps, un peu
comprimé latéralement, surmonté d'une longue dorsale et terminé par une queue fourchue, est de forme
assez gracieuse. Sa couleur est un vert doré plus ou

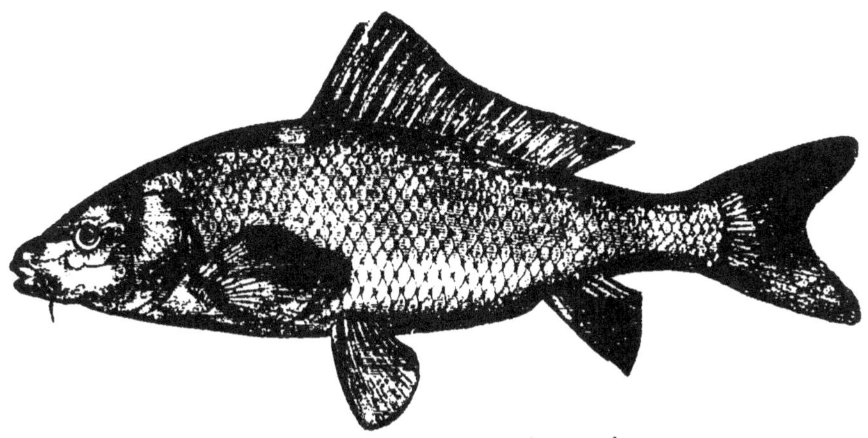

Fig. 103. — Carpe.

moins brillant, selon la nature du fond sur lequel vit ce
poisson. La Carpe atteint de grandes dimensions et
vit très-longtemps : mais rien ne prouve, comme on
l'a avancé, que quelques-unes de celles qui habitent les bassins de Fontainebleau remontent au
règne de François Ier. La ténacité de ce poisson est
très-grande, et l'on peut le transporter facilement
et le tenir très-longtemps dans la mousse humide.

On en a vu revenir à la vie plus de douze heures après avoir été retirés de l'eau.

La Carpe vit facilement dans l'aquarium et dans des conditions où d'autres périraient promptement. La beauté de ses couleurs, la grâce de ses mouvements, sa familiarité, jointes à sa robusticité, en font un poisson d'élite. Naturellement on n'introduira dans l'aquarium que des individus d'une taille appropriée à la capacité du bassin ; une carpe de 15 à 18 centimètres est un fort joli poisson.

La carpe mange de tout : de petits vers rouges, de jeunes colimaçons d'eau, de la viande, des boulettes de pain qu'elle viendra prendre jusque dans les doigts dont elle est habituée à recevoir la nourriture. Lorsqu'on distribue la pâture aux habitants d'un aquarium, peuplé de diverses espèces de poissons, il faut veiller à ce que la Carpe et la Tanche en aient suffisamment, car ce sont des animaux lents qui se laissent prendre le morceau devant le nez par leurs voisins plus vifs.

La Carpe est sujette, plus que tout autre poisson, à la maladie parasitaire que l'on nomme *la mousse* ; elle se manifeste par des taches grisâtres qui envahissent le corps, et sous lesquelles se détachent les écailles. Cette mousse s'étend de plus en plus, et ne tarde pas à faire périr le poisson. L'agglomération d'un trop grand nombre d'individus dans l'aquarium ou la présence de matières en décomposition paraissent être les causes de cette affection. Il faudra retirer aussitôt du vase le poisson qui en serait atteint, sinon il la communiquerait aux autres.

La Tanche (*Cyprinus tinca*) a les mêmes qualités que la Carpe ; c'est un poisson à mouvements lents, qui s'apprivoise très-facilement et vient prendre sa

Fig. 104. — Tanche.

nourriture jusque dans les doigts de son maître, qu'elle grignotte sans doute en signe d'amitié. Même vitalité, même robusticité que la Carpe ; comme celle-ci, la Tanche peut vivre plusieurs heures hors de l'eau, sans périr. On la distingue à la petitesse extrême de ses écailles enduites d'une viscosité qui la rend aussi glissante que l'Anguille. Sa couleur est d'un brun doré, plus foncé sur les nageoires. La Tanche offre cependant un inconvénient dans les aquariums garnis de plantes : c'est l'habitude de remuer sans cesse le fond pour y chercher des vers dont elle est avide. Elle est aussi très-friande de fromage de Gruyère.

Le Goujon (*Cyprinus gobio*), célèbre parmi les gourmets pour l'excellente friture qu'il donne, est un joli petit poisson, vif, robuste, et qui supporte

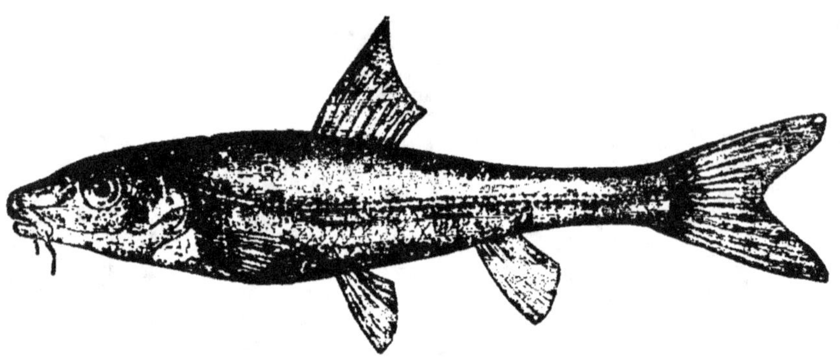

Fig. 105. — Goujon.

assez bien la captivité de l'aquarium. Son corps est de forme allongée, arrondie, recouvert de grandes écailles verdâtres, pointillées de jaune et de violacé ; ses nageoires sont piquetées de brun, et ses lèvres garnies de barbillons. Sa longueur excède rarement 12 à 15 centimètres.

Le Goujon recherche les petits vers, les larves et les insectes aquatiques. Plus que tous les autres poissons, il craint la chaleur, et on le conservera difficilement dans un aquarium exposé au Midi. Pendant la saison chaude, il passe la plus grande partie du jour appuyé sur le gravier du fond ou à l'ombre des rocailles.

Le Véron (*Cyprinus phoxinus*) est un des plus charmants poissons d'aquarium. Il a les formes et la taille du Goujon, dont il diffère surtout par l'absence de barbillons. Sa couleur est d'un brun verdâtre sur le dos et blanc sous le ventre avec une bande longi-

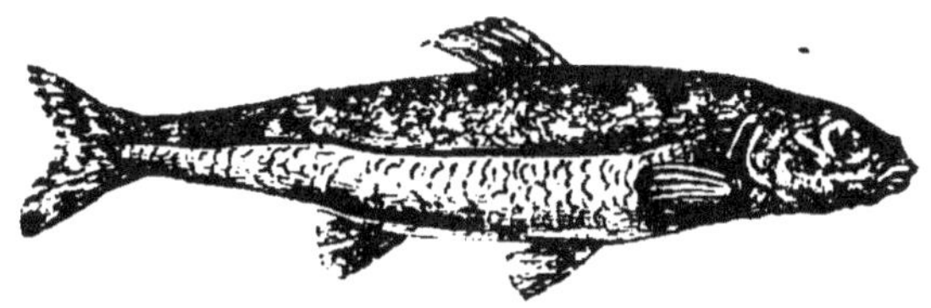

Fig. 106. — Véron.

tudinale jaune et des taches noires. Sa vivacité et sa familiarité en font un hôte très-agréable.

Les Vérons semblent voler dans l'eau comme les hirondelles dans l'air, se poursuivant et se croisant dans tous les sens. Au bout de quelques jours, ce petit poisson est devenu assez familier pour enlever entre les doigts immergés à quelques centimètres sous l'eau la nourriture qu'on lui présente. Il est hardi et espiègle comme un moineau.

Au mois de mai ou de juin, au moment du frai, il se revêt des plus vives couleurs; c'est un mélange de vert, de bronze et d'argent, que la frayeur lui fait perdre instantanément. Plus que tout autre, le Véron veut une eau garnie de plantes aquatiques, sinon il déserte l'aquarium ; on les voit l'un après l'autre disparaître, pour les retrouver sur le plancher, se débattant contre la mort. Ils sautent parfaitement hors du vase si les parois n'ont pas au moins 20 centimètres de hauteur au-dessus de la surface de l'eau ; semblable accident m'est arrivé.

La Vaudoise (*Cyprinus leuciscus*), nommée aussi *Dard*, à cause de la rapidité avec laquelle elle fend les eaux, est d'un blanc argenté ; les nageoires sont pâles, le dos lavé de brun et la queue fourchue. Elle vit assez bien en captivité.

Au premier printemps, on voit des milliers de petites Vaudoises nager en troupes serrées le long des berges, attirées par les petits insectes et les détritus de toutes sortes qu'elles y trouvent. Au moindre bruit ou à l'approche de l'homme, elles filent comme un trait, mais reviennent bientôt après si l'on garde l'immobilité. On peut s'en procurer un grand nombre en plaçant au fond de l'eau peu profonde un troubleau, au-dessus duquel on jette quelques miettes de pain, et que l'on relève vivement lorsqu'il s'en trouve un certain nombre réunies au-dessus, ou au moyen de la carafe à fond percé.

Le Gardon (*Cyprinus idus*) est un joli poisson, mais qui supporte difficilement la servitude. Son corps est large et comprimé; le dos est d'un brun bleuâtre, le ventre blanc et les nageoires d'un beau rouge.

Il en est de même des Ablettes (*Cyprinus albur-nus*), qui abondent dans tous nos cours d'eau. Leur forme est allongée et élégante, leurs écailles sont argentées sous le ventre, de couleur olivâtre sur le dos. Ce sont de jolies créatures, fort amusantes à

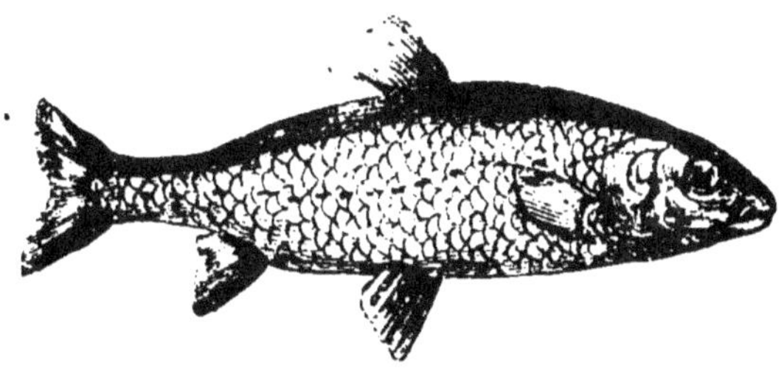

Fig. 107. — Gardon.

observer lorsqu'elles donnent la chasse aux mouches et aux araignées qu'on leur jette et qu'elles mettent en pièces en se les disputant. Dans leurs mouve-ments rapides, leurs écailles d'argent renvoient en éclairs les rayons du jour. Malheureusement elles sont fort délicates et ne vivent pas longtemps dans l'aquarium. L'hiver, elles supportent assez philoso-phiquement la réclusion; mais dès que vient la sai-son chaude, il faut s'attendre à en trouver chaque matin quelqu'une tournée sur le dos, le ventre en l'air.

L'Ablette est un poisson peu savoureux, mais très-recherché pour la matière nacrée que l'on tire de ses écailles et qui sert à fabriquer les fausses perles. Pour obtenir cette matière nacrée, que l'on nomme *essence d'Orient*, on enlève doucement, à l'aide d'un couteau peu tranchant, les écailles argentines au-dessus d'un baquet d'eau, où on les lave à plusieurs reprises. On prend ensuite le dépôt, que l'on place dans un tamis très-clair, et on lave à grande eau au-dessus d'un vase; la matière nacrée passe seule et se précipite au fond du vase, où elle forme une masse boueuse d'un blanc bleuâtre très-brillant; c'est là l'essence d'Orient. Cette matière est délayée dans de la colle de poisson et elle est alors prête à servir. Introduite dans un globule de verre que l'on agite en tous sens et que l'on fait sécher rapidement au-dessus d'un poêle, elle lui donne les nuances et les reflets des perles fines. On remplit ensuite le globule de cire fondue qui consolide le verre et fixe l'essence contre sa paroi intérieure. Cette fabrication a pris en France une grande extension dans ces derniers temps.

Le Dobule et la Rosse (*Cyprinus dobula* et *C. rutilus*) sont des Ablettes à nageoires rouges.

La Bouvière (*Cyprinus amarus*) est le plus petit de nos Cyprins d'Europe. C'est un charmant petit poisson; mais il est fort délicat. Il est long au plus de 3 à 4 centimètres, verdâtre sur le dos et d'une belle couleur aurore en dessous. En avril, au temps du frai, il porte une ligne d'un bleu d'acier de chaque côté de la queue.

La Brème (*Cyprinus brama*) est bien reconnaissable à son corps haut et comprimé latéralement, couvert de grandes écailles, à l'absence d'épines et de barbillons, à sa nageoire dorsale courte et à son anale très-longue. Elle est d'un blanc jaunâtre, un peu bruni sur le dos. C'est un beau poisson, de mœurs douces et familières; mais comme il affectionne les eaux profondes, il ne vit pas longtemps dans l'aquarium.

Une autre espèce, la petite Brème ou Bordelière (*Cyprinus blicca*), se distingue de la précédente par sa taille plus petite et par ses nageoires pectorales et ventrales rougeâtres. Elle a les mêmes mœurs.

Quant au Barbeau (*Cyprinus barbus*), c'est un beau poisson, reconnaissable à sa tête oblongue, à son museau garni de longs barbillons, à ses nageoires et à sa queue rouges; mais sa croissance rapide et sa prédilection pour les eaux rapides le rendent peu propre au séjour de l'aquarium. Il est, en outre, très-vorace, et fait disparaître rapidement les petits Tritons, les Vérons et même les petites Carpes que l'on met en sa compagnie. Le vide se fait autour de lui comme par enchantement.

Les *Loches* se distinguent des Cyprins par quelques caractères anatomiques : leurs écailles sont petites et enduites de mucosité; leur nageoire dorsale est courte, leur bouche peu fendue, entourée de nombreux barbillons.

La Loche franche (*Cobitis barbatula*) est un joli petit poisson d'aquarium, très-intéressant par ses habitudes. Sa taille est d'environ 1 décimètre; il est nuagé et pointillé de brun sur un fond jaunâtre et porte six barbillons. Il habite les ruisseaux et les petites rivières, où il se nourrit de vers et d'insectes aquatiques.

Dans l'aquarium, il change rarement de place pendant le jour et se tient sur le fond comme collé contre le sable ou le gravier. Mais vers le soir il sort de sa torpeur et commence à décrire des circuits sans fin.

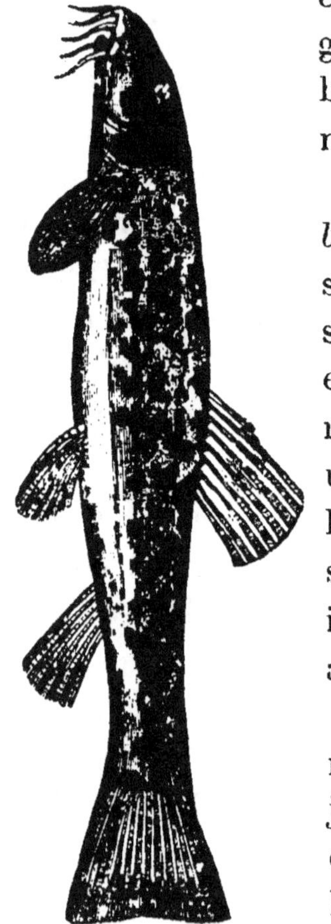

Fig. 103.

Loche franche.

Rien n'est plus gracieux que ses allures, lorsqu'il file le long de la glace, poussé en avant par le vigoureux mouvement ondulatoire de sa queue. Puis, tout à coup il s'arrête et se laisse couler au fond, sans mouvement. Mais bientôt les frémissements de ses nageoires pectorales, fines comme de la dentelle, le ramènent à la surface, où il recommence ses rapides évolutions. Lorsqu'il remonte, ses mouvements sont tellement ondulatoires qu'on le prendrait pour un Triton qui s'élance à la surface pour renouveler sa provision d'air.

La Loche ne se familiarise pas; elle conserve toujours son caractère sauvage. Lorsque, pendant le jour, elle est tranquillement couchée sur le sable, si on lui jette un petit ver rouge, elle se réveille aussitôt et se met à sa recherche. Si quelque autre s'en saisit, elle fond sur le ravisseur comme un trait, lui arrache le ver de la bouche et retourne au fond, secouant sa proie comme un chat fait d'une souris, et malheur à celui qui tente de la lui enlever.

La Loche est malheureusement d'une complexion délicate; elle ne peut vivre que dans une eau bien oxygénée, et pour peu que celle-ci s'appauvrisse d'air, elle monte à la surface, ouvre la bouche avec angoisse et se laisse rouler sur le dos. Retirée aussitôt et mise dans de l'eau fraîche, elle reprendra ses sens, mais elle ne tardera pas à tomber en pamoison dans un aquarium un peu populeux.

La Loche d'étang (*Cobitis fossilis*), qui porte dix barbillons et se distingue par sa livrée marquée de

raies longitudinales brunes et jaunes, est plus robuste que l'espèce précédente. Elle reste, le long du
jour, immobile au fond de l'eau; mais, lorsque
l'orage menace, elle monte à la surface et s'y agite
violemment comme tourmentée par une vive inquiétude. Cette habitude l'a fait comparer à un baromètre vivant.

La Loche de rivière (*Cobitis tænia*) est également
assez robuste; sa couleur est orangée, marquée de
plusieurs séries de taches noires; les nageoires sont
jaunes, marquées de points bruns. Elle porte des aiguillons en avant des yeux; aussi ne faut-il la saisir
qu'avec de grandes précautions.

CHAPITRE XI.

LES POISSONS (suite).

Perche, Brochet, Anguille, Épinoches.

Cette seconde section comprend des espèces intéressantes, sans doute, mais que leurs appétits voraces
ou leurs habitudes querelleuses doivent faire éloigner
des espèces faibles et inoffensives que nous avons
décrites précédemment.

La Perche (*Perca fluviatilis*) vit longtemps dans
l'aquarium, si l'on se contente de petits spécimens ;
mais sa voracité exige qu'on la mette dans un bassin
à part, sans quoi elle se jette avidement sur les
autres poissons, sur les Tritons et généralement sur
tout ce qui se trouve à sa portée. Sa grande bouche
garnie de dents nombreuses et acérées la rend redoutable à tous les animaux aquatiques. Elle périt
parfois victime elle-même de sa voracité, quand
elle s'attaque à l'Épinoche. Celle-ci redresse ses
épines au moment où son ennemie veut l'avaler, et
les fait pénétrer dans le palais de la Perche, qui, ne
pouvant dès lors ni avaler ni rejeter sa proie, finit
par mourir de faim la bouche pleine.

La Perche est un fort beau poisson qui brille

d'une couleur d'or mêlée de jaune et de vert avec des bandes transversales noirâtres ; ses nageoires sont rouges. On la nourrit de viande, de vers et d'insectes mous ; elle est très-vivace, mais ne supporte pas la chaleur, et c'est toujours pendant l'été qu'on la perd.

La *Gremille* ou *Perche goujonnière*, ainsi nommée parce qu'elle rappelle les formes générales et

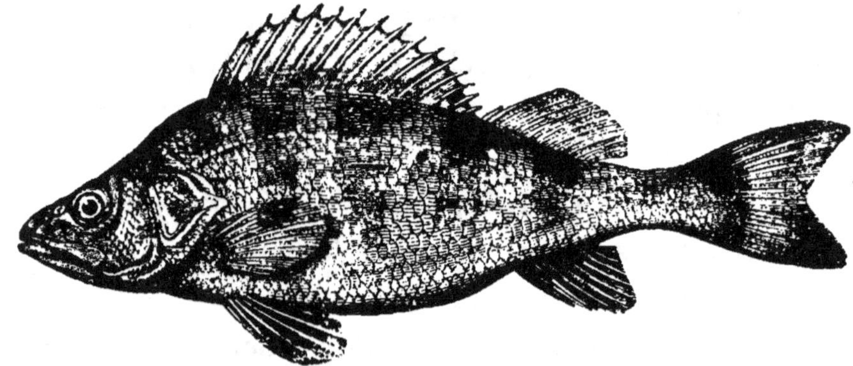

Fig. 109. — Perche.

les couleurs du Goujon, dont elle a à peu près la taille, est un poisson très-robuste. Elle a les habitudes de la Perche, mais sa petite taille la rend beaucoup moins redoutable et elle n'attaquera pas les autres poissons si on a soin de la nourrir convenablement. Sa couleur, d'un brun clair sur le dos, dorée sur les flancs et nacrée sous le ventre, avec de petites taches brunes nuageuses sur la tête et sur le dos, en font un fort joli poisson.

Quant au *Brochet*, sa voracité surpasse encore celle de la Perche, et c'est avec raison qu'on l'a surnommé le *Requin d'eau douce*. En un rien de temps il dépeuple un étang, et à plus forte raison un aquarium. Sa grande taille le rend d'ailleurs peu propre à figurer dans ce dernier.

L'*Anguille*, bien qu'elle soit le plus robuste et le plus vivace de tous les poissons, est un mauvais hôte pour l'aquarium ; dans sa jeunesse, sa faiblesse la

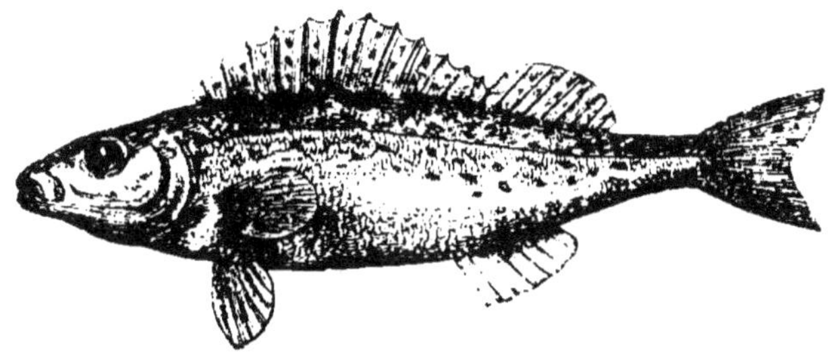

Fig. 110. — Gremille.

livre à la merci de tous les autres animaux qu'attire son apparence de ver, et dès qu'elle est un peu forte, elle devient à son tour tyran et fait sentir ses dents aiguës à ses voisins. En outre, sa croissance est très-rapide ; elle grandit d'environ 20 centimètres par année.

L'Épinoche (*Gasterosteus*) est sans contredit le poisson le plus intéressant et le plus divertissant de tous ceux qui sont propres à peupler l'aquarium ; par malheur son naturel est tellement turbulent,

querelleur et batailleur, que l'on ne peut sans danger le mettre avec les autres petites espèces, qu'il
poursuit, harcèle et mutile lorsqu'il ne peut les dévorer. Il faut donc placer les Épinoches dans un
bassin à part; elles vous récompenseront de ce sa-
crifice par le spectacle amusant de leur vivacité, de
leur industrie, et de leurs manœuvres galantes.

L'extérieur de l'Épinoche dénonce ses instincts
belliqueux ; elle est vêtue d'une cuirasse, comme

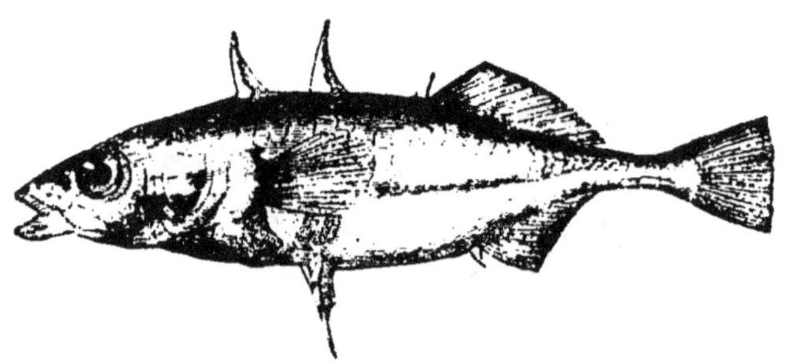

Fig. 111. — Épinoche.

les chevaliers du moyen âge, et hérissée de dards
qu'elle couche ou redresse à son gré. Non-seulement
elle attaque les espèces beaucoup plus grosses
qu'elle, mais elle cherche constamment querelle à
ses semblables, sous le moindre prétexte, un ver
rouge, un côté d'ombre ou de soleil et voilà la
guerre allumée.

Lorsque plusieurs mâles se trouvent dans le
même aquarium, il est rare que la paix soit de longue durée. L'un d'eux veut s'ériger en maître, et si

quelque autre essaie de s'opposer à sa domination, il en résulte un combat furieux. Ce duel est fort curieux à voir et finit souvent d'une façon tragique, c'est-à-dire par la mort de l'un des combattants. Ils tournent rapidement l'un autour de l'autre, essayant de se mordre ou de se percer de leur aiguillon latéral, et lorsque le plus faible abandonne la lutte et cherche à fuir, le vainqueur le poursuit avec un acharnement extraordinaire et ne le quitte souvent que lorsqu'il l'a mis à mort. Ces mœurs belliqueuses ne se font remarquer que chez les mâles; les femelles sont d'un naturel pacifique et beaucoup moins turbulent; elles subissent la loi du vainqueur.

Au printemps, vers le mois de mai, on voit les Épinoches mâles changer tout à coup de couleur et prendre un éclat tout particulier. Leurs nuances habituelles, d'un vert olivâtre, deviennent d'un beau bleu ou d'un rouge cramoisi; c'est un prétendu qui revêt son habit de noces. Dès lors, si l'on surveille leurs allures, on sera témoin des faits singuliers auxquels ces petits êtres doivent leur célébrité.

On sait, qu'en général, les joies de la famille sont inconnues aux poissons; le père n'a jamais vu ceux dans lesquels il doit renaître; il n'a même jamais vu la femelle dont proviennent les œufs qu'il féconde. Celle-ci de même est destinée à ne jamais connaître ceux auxquels elle a donné le jour ; elle abandonne ses œufs au milieu des eaux où elle vit, et le mâle vient répandre sur eux la liqueur séminale qui les féconde. Il n'en est pas de même de l'Épinoche. Celle-ci fait son nid, couve les œufs, garde et nourrit les petits, comme la mère la plus vigilante pourrait le faire. Seulement ce n'est pas la femelle qui prend ce soin comme chez les oiseaux ; ici c'est le mâle.

Suivons donc attentivement le manége de ce merveilleux petit poisson tout brillant d'or, d'azur et de pourpre. Le voilà qui va chercher au fond de l'eau de petits brins d'herbes, des bouts de racines, qu'il dispose en rond sur le fond du bassin. Il les assujettit en laissant tomber dessus des grains de sable ou des petites pierres qu'il prend dans sa bouche ; puis il tasse tous ces débris à coups de tête et se traîne dessus avec un mouvement vibratoire particulier ayant pour but d'y déposer un mucus qu'il sécrète et qui agglutine le tout de façon que l'eau ne puisse le désunir.

Sur cette base, l'Épinoche continue à apporter des brins d'herbes, de petites racines qu'elle enchevêtre et agglutine de manière à en former une espèce de tube ou de manchon dans lequel elle passe à plusieurs reprises afin de l'égaliser convenablement. Jugez quels soins et quel travail il faut à ce petit poisson qui n'a que sa bouche pour mener à bonne fin cette jolie construction.

Lorsque son nid est terminé, le mâle se met en quête d'une femelle prête à pondre ses œufs ; il la dirige vers l'entrée, l'encourage à le suivre et l'y force même au besoin. Il la fait entrer dans le domicile conjugal et la surveille pendant qu'elle pond. Celle-ci dépose quelques œufs d'un beau jaune, puis sort par le côté opposé. L'Épinoche mâle entre alors à son tour dans le nid, passe sur les œufs en frétillant et les féconde, puis il va chercher une autre femelle prête à pondre, puis une troisième, jusqu'à ce qu'il ait ainsi ramassé une quantité suffisante d'œufs qu'il féconde chaque fois.

Lorsqu'il a fécondé la dernière ponte, il ferme l'ouverture du fond et demeure en sentinelle près des œufs pour les défendre contre les autres Épinoches, qui ne manqueraient pas de les dévorer s'il s'éloignait un instant. Aussi malheur à l'audacieux qui s'approche : notre tendre père s'élance sur lui avec fureur, le mord avec rage et s'efforce de le percer de ses aiguillons. Et, chose singulière, non-seulement les femelles ne prennent aucun soin de leurs œufs, mais elles les dévorent même lorsqu'elles en trouvent l'occasion. Aussi le mâle fait-il bonne garde, ne quittant jamais son nid. De temps en temps il se suspend verticalement au-dessus, le museau près de l'ouverture, et agite rapidement ses nageoires pour former un petit courant qui, en renouvelant l'eau à l'intérieur, favorise l'éclosion des œufs.

Au bout d'une quinzaine de jours, les jeunes Épinoches sortent du nid en un essaim nombreux; elles semblent être faites de cristal et portent sous le ventre un petit ballon diaphane qui est leur vésicule abdominale ou sac nourricier contenant les provisions destinées à les alimenter pendant leur premier âge. Le père surveille leurs mouvements avec sollicitude, ne les perd pas plus de vue qu'une poule ses poussins, les ramenant près du nid quand ils s'en éloignent, et ne se relâchant de sa surveillance que lorsque ses petits sont devenus assez forts pour pourvoir eux-mêmes à leurs besoins et à leur sûreté.

Rien n'est plus facile que de se procurer des Épinoches. Ces petits poissons sont communs dans tous les ruisseaux et les rivières dont le fond est un peu vaseux et garni de plantes aquatiques. Si l'on jette dans l'eau un fil au bout duquel est attaché un ver rouge, on verra bientôt une troupe de ces petits êtres voraces se disputer cette riche proie, et, au bout de quelques instants, en retirant brusquement le fil, on ramènera avec le ver deux épinoches pendues à ses deux extrémités, et qui ne le lâcheront pas. Et autant de fois l'on rejetera le ver, autant de fois on prendra des Épinoches ; car le sort de leurs semblables ne les rend pas plus prudentes. On peut également en prendre un grand nombre d'un seul coup de troubleau, en enfonçant celui-ci dans l'eau, un peu au-dessous de la surface et en faisant pendiller le ver au-dessus de l'ouverture. Bientôt toute la troupe se trouvera au-dessus du filet, et l'on n'aura qu'à le lever rapidement pour faire une foule de prisonniers. On se procurera ainsi des individus bien vivants que l'on pourra transporter dans une boîte à pêche jusqu'à l'aquarium ; mais, nous le répétons, ne tentez pas de mettre ces enragés diablotins avec d'autres poissons ; ils les tueraient ou les mutileraient à coup sûr. Ce sont de vrais sauvages qui se plaisent à la destruction, même lorsqu'ils ne peuvent manger ce qu'ils détruisent. Rien ne les effraie : confiants dans leur armure hérissée de piquants, ils s'attaquent à tous ceux qui vivent avec eux, grands ou petits.

Tout ce que nous venons de dire se rapporte à l'Épinoche commune (*Gasterosteus trachurus*) ; on en connaît deux autres espèces, qui diffèrent par le nombre de leurs rayons et de leurs plaques osseuses; mais leurs habitudes sont les mêmes.

Un fait encore très-remarquable dans l'organisation des Épinoches d'eau douce, est qu'elles s'accoutument très-facilement à vivre dans l'eau de mer, où elles n'éprouvent d'autre malaise que celui qui résulte pour elles de la différence de densité de l'eau ; on les voit d'abord faire des efforts pour gagner le fond, et elles n'y parviennent que lorsqu'elles ont pu accommoder leur vessie natatoire au milieu dans lequel elles se trouvent. Les Épinoches de mer vivent également bien dans l'eau douce.

L'Épinochette (*Gasterosteus pungitius*) est plus petite que l'Épinoche ; elle n'a que 3 centimètres de longueur. Elle est verte en dessus, d'un blanc argenté piqueté de noir en dessous. Moins bien armée que l'Épinoche, elle est aussi d'un caractère moins querelleur et peut vivre avec d'autres poissons qui la respecteront à cause de ses épines dorsales.

Cette jolie petite espèce construit un nid comme l'Épinoche, avec les mêmes matériaux, mais proportionnés à sa taille. Au lieu de l'établir au fond de l'eau, elle le place entre les tiges des plantes aquatiques, quelquefois dans l'aisselle d'une feuille.

Nous devons à M. Carbonnier l'acclimatation d'une nouvelle espèce de poissons appartenant au genre Macropode.

Ces charmants animaux, rapportés de Chine, en 1869, par notre Consul de France, furent remis à M. Carbonnier, qui aujourd'hui en est à sa troisième génération.

Rien n'égale la beauté de ce poisson, long de six à huit centimètres. La reproduction peut en être obtenue dans quinze à vingt litres d'eau.

Durant la saison des amours, le mâle fait le beau et cherche, par l'étalage de ses belles couleurs d'arc-en-ciel, à capter la femelle; il tourne autour d'elle,

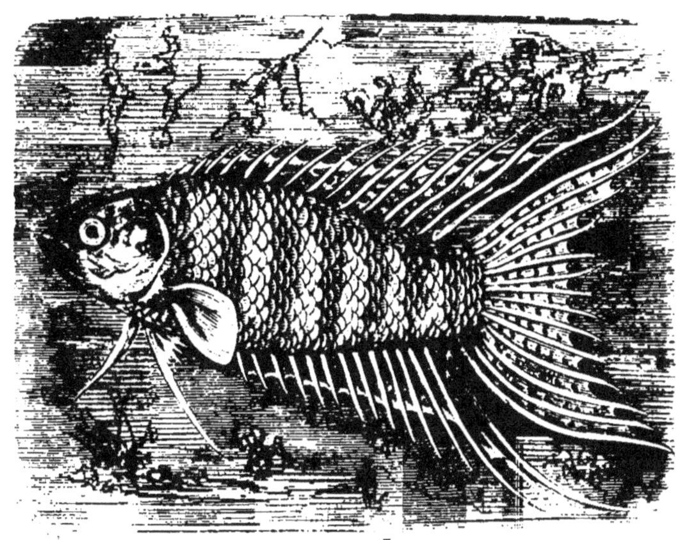

Fig. 112. — Espèce nouvelle du genre Macropode.

toutes ses nageoires déployées, puis, repliant son corps en anneau, il l'enlace et, la pressant sur son côté, la force à pondre. Récoltant le produit de la ponte, il le place dans un plafont d'écume flottante, réceptacle dont il est l'architecte et l'ouvrier. L'opération terminée, le mâle chasse la femelle, et se charge seul des soins nécessaires à l'heureuse incubation des œufs. Les petits éclosent en trois jours; après l'éclosion, et pendant la période embryon- naire, le mâle nage à la poursuite de ceux qui s'é- chappent du plafont d'écume, les hume avec sa bouche et les rapporte au gîte protecteur. Cela dure jusqu'à ce que le nombre et la fréquence des fuites lassent sa patience et lui annoncent la fin de sa tâche. Alors il abandonne sa progéniture à elle-même pour recommencer son manége auprès de sa femelle, qui ne paraît pas indifférente à son approche.

Ces curieux et ravissants poissons font, dans l'aquarium, huit et dix pontes par an, se renou- vellant deux fois par mois durant la saison chaude.

CHAPITRE XII.

LES REPTILES.

Tritons. — Axolotls. — Grenouilles. — Têtards.

Parmi les reptiles amphibies propres à peupler l'aquarium, nous mettrons au premier rang les Tritons ou Salamandres d'eau. Le nom vulgaire de *Lézards d'eau* qui a été donné aux Tritons, atteste leur ressemblance avec le Lézard. Comme lui, ils ont un corps allongé, porté sur quatre pattes et terminé par une longue queue ; mais celle-ci est comprimée latéralement en forme de large rame, conformation appropriée à leur genre de vie.

Dans la première période de leur existence, les Tritons ont une vie complétement aquatique, comme les poissons, et respirent par des branchies en forme de houppes, qu'ils portent au nombre de trois de chaque côté du cou et qui flottent au dehors. Dans la suite, ces branchies s'oblitèrent et le Triton respire alors comme les Grenouilles et les Salamandres. On les voit à tout moment monter verticalement à la surface en agitant vigoureusement leur large queue aplatie, et sortir la tête hors de l'eau pour prendre une gorgée d'air, puis se laisser retomber au fond.

Les Tritons aiment à sortir de l'eau, surtout la nuit; aussi est-il nécessaire que le bassin dans lequel on les place, soit pourvu d'une rocaille dont le sommet émerge au-dessus de l'eau et où ils puissent grimper et se reposer, sans cela on les voit s'épuiser en vains efforts pour se maintenir à la surface.

Les femelles déposent rarement leurs œufs dans l'aquarium, ou du moins ils y éclosent difficilement. En liberté, elles les placent sous les feuilles des plantes aquatiques un à un et replient sur eux la feuille pour les protéger. Ces œufs sont jaunes et entourés d'un liquide albumineux transparent. Ils sont fécondés dans le corps même de la femelle par la laite du mâle, répandue dans l'eau et qui pénètre avec le liquide dans les oviductes.

A la sortie de l'œuf, les Tritons manquent de pattes; ils portent en avant des branchies une paire de petits appendices en forme de crochets qui leur servent à se fixer. Ces appendices disparaissent lorsque se développent les pattes antérieures, et celles-ci se montrent quelque temps avant les postérieures. Il est fort intéressant de se procurer de toutes jeunes larves ou têtards, afin de pouvoir suivre leurs transformations.

Les Tritons offrent encore un phénomène très-curieux à étudier : c'est leur faculté de reproduction ; leurs doigts, leurs pattes ou leur queue, détachés du tronc, repoussent complétement au bout d'un certain temps. Ces animaux sont abondants partout, et faciles à prendre avec le troubleau dans les lacs, les étangs et les mares garnis de plantes aquatiques. Autant ces animaux sont lents et embarrassés à la surface du sol, autant ils sont adroits et vifs dans l'eau, où ils se servent de leur large queue comprimée comme d'un aviron.

On connaît plusieurs espèces de Tritons, dont quelques-unes ne sont réellement pas dépourvues de beauté, malgré la répulsion qu'elles inspirent dans les campagnes où on les regarde comme venimeuses. L'une des plus grandes est le Triton à crète (*Triton cristatus*) ; il atteint 15 centimètres de longueur. Sa couleur est noirâtre avec le dessous du corps orangé varié de taches noires ; ses flancs sont finement ponctués de blanc. Le mâle est orné, surtout au printemps, d'une crète membraneuse, découpée en dentelures aiguës, qui s'étend le long du dos, depuis la tête jusqu'à l'extrémité de la queue. Il porte, en outre, au temps du frai, un liséré longitudinal d'un blanc violacé.

Le Triton ponctué (*Triton punctatus*), de moitié plus petit, est un charmant animal. Son corps est en dessus d'un brun verdâtre, d'un blanc bleuâtre sur les côtés, avec des taches noires et rondes ; le dessous d'un rouge pâle. Le mâle porte au printemps une crète festonnée.

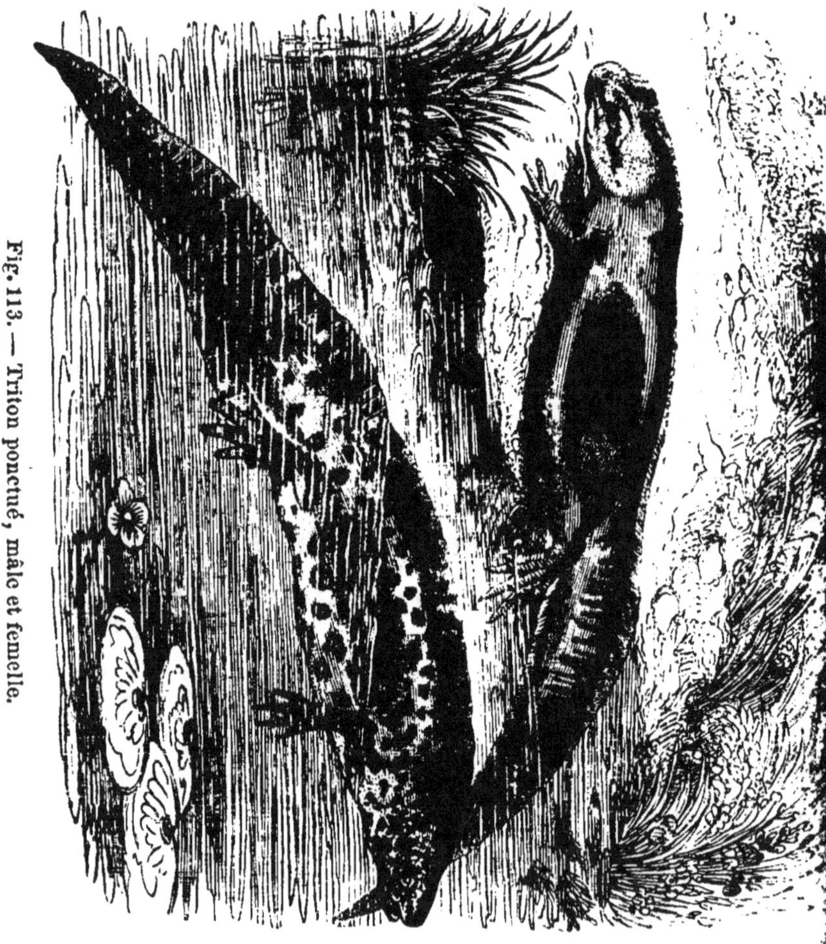

Fig. 113. — Triton ponctué, mâle et femelle.

Le Triton palmipède (*T. palmatus*), un peu plus petit que le précédent, se distingue de ses congé-

nères par ses pieds de derrière palmés. La partie
supérieure de son corps est de couleur olivâtre
avec le dessus de la tête vermiculé de noir et de
brun ; les flancs, plus clairs, sont marqués de taches
rondes noirâtres ; la queue est terminée par un petit
filet. Le mâle porte sur le dos trois petites crêtes.

Ces reptiles inoffensifs vivent longtemps et paisiblement dans l'aquarium, les uns se tenant au fond
de l'eau et venant de temps en temps à la surface
pour y aspirer une gorgée d'air, les autres couchés
dans les herbes et tenant constamment leur tête hors
de l'eau. A la nuit, ils deviennent plus remuants et
font entendre une espèce de petit cri. En liberté, ils
font leur proie de petits vers, de larves et de mollusques ; en captivité, ils s'accommodent fort bien
de viande crue coupée en longs filaments. Lorsqu'on
laisse tomber un ver au milieu d'eux, on les voit
aussitôt entrer en grande agitation ; dans leur em-
pressement à se saisir de cette riche proie, ils s'é-
lancent, se poussent les uns les autres et se mordent
mutuellement les pattes, croyant sans doute avoir
affaire à des vers.

Les *Axolotls* sont des reptiles batraciens du
Mexique, très-voisins des Tritons dans leur premier
âge. Longtemps pris pour des batraciens à branchies
persistantes, comme la Sirène et le Protée, aujour-
d'hui qu'on en a vu plusieurs subir leur transforma-

tion complète, on sait qu'ils ne sont que les têtards des reptiles du genre *Ambystome*.

Les Axolotls, comme on les appelle au Mexique, sont désignés par les naturalistes sous le nom de *Siredon lichenoides*. Ils commencent à être assez répandus dans les aquariums, où ils se reproduisent quelquefois. Leur forme générale est celle des Tritons ; mais leur taille est beaucoup plus grande. Leur corps, d'un brun noirâtre uniforme, est garni sur toute sa longueur et sous la queue d'une crête membraneuse droite, semi-transparente. Leur tête est très-grosse, plate, à museau arrondi; leur bouche largement fendue. Ils portent de chaque côté du cou trois longues branchies en forme de houppes.

Le genre de vie des Axolotls en captivité est très-analogue à celui des Tritons ; mais, tandis que ces derniers montent souvent, surtout la nuit, sur les rocailles placées dans l'aquarium et dont le sommet est émergé, les Axolotls restent toujours sur le fond de sable, ou nagent à une certaine distance de la surface, vers laquelle ils montent perpendiculaire- de temps en temps, comme les Tritons, lorsqu'ils veulent renouveler leur provision d'air. Cependant, chez eux, la respiration aquatique, dont les branchies extérieures sont le siége, se fait sans interrup- tion. Les trois panaches de chaque côté se relèvent et s'abaissent à temps égaux.

Les Axolotls se refugient volontiers dans les parties obscures de l'aquarium, et y restent souvent dans un état d'immobilité dont on les tire facilement en leur présentant quelque proie, surtout des vers de terre qu'ils aiment à saisir avant que ceux-ci aient atteint le fond. Ils deviennent bientôt assez familiers pour prendre la nourriture entre les doigts. Ils sont d'ailleurs d'une voracité incroyable, et engloutissent tout être vivant assez petit pour passer dans leur gosier; aussi ne faut-il pas placer à côté d'eux de petits poissons ni même de jeunes Tritons. On les nourrit habituellement de viande crue; mais il ne faut pas, comme pour les Tritons, la couper en longs filaments, parce qu'ils engloutissent leur proie d'un seul coup et la rejettent souvent lorsqu'il en reste une partie au dehors; ils avalent parfaitement des morceaux de la grosseur d'un haricot. Un jour, en revenant de la campagne où j'avais pris dans une mare d'un coup de filet une trentaine de têtards de Grenouille, je les jetai dans un bassin où se trouvaient deux Axolotls : trois heures après il n'en restait pas un seul.

La fécondation paraît s'opérer chez les Axolotls de la même façon que chez les Tritons : au printemps la femelle devient très-grosse et montre beaucoup d'agitation; les mâles ne subissent aucun changement, soit dans le développement de la crête, soit

dans la coloration, comme cela a lieu chez les Tritons ; seulement ils abandonnent dans l'eau des mucosités assez abondantes, au milieu desquelles se
trouvent de petits grumeaux de laite blanche. La
femelle se débarrasse de ses œufs par petites portions
de vingt à trente et les fixe à l'aide du mucus qui les
entoure sur les feuilles des plantes et sur les rocailles.
Il faut retirer ces œufs, si on veut les voir éclore,
pour les soustraire à la voracité des parents, et les
mettre dans un bassin particulier. Environ quinze
jours après la ponte, si le temps est chaud, vingt
jours ou un mois dans le cas contraire, les œufs
éclosent. Il en sort de petits têtards d'environ 15
millimètres de longueur, munis de branchies, mais
dépourvus de pattes. Ce n'est qu'au bout de huit à
dix jours que les pattes antérieures commencent à
se montrer, et quatre mois après, seulement, paraît
la seconde paire. Leur couleur est d'un vert clair marqué de petites taches noires. Au bout de six mois ils
sont semblables à leurs parents et mesurent de 20 à
25 centimètres du bout du museau à l'extrémité de
la queue. Pour que leur développement soit rapide,
il faut leur fournir une nourriture abondante, sinon
ils restent petits et ne subissent aucune transformation. Les Daphnies et autres petits crustacés qui
pullulent dans les mares offrent la meilleure alimentation à donner aux jeunes têtards ; plus tard ils se

nourrissent de petits vers et de larves de toutes sortes, puis de viande crue.

La voracité des Axolotls est extrême, et ils s'attaquent mutuellement lorsqu'ils ne sont pas rassasiés. Les blessures qu'ils se font entraînent parfois la perte de portions de la queue ou des membres ; mais, comme les Tritons, ils sont doués d'une étonnante force de reproduction : six semaines suffisent pour refaire une patte entière.

Au bout de huit ou dix mois, s'ils ont été dans des conditions favorables, les Axo' tis perdent les houppes de leurs branchies, qui bientôt se réduisent à de simples moignons, et en même temps la crête membraneuse du dos et de la queue s'amoindrit. Un mois après elle a complétement disparu, et sur les membres et sur le corps se dessinent de petites taches irrégulières d'un blanc jaunâtre. Enfin, un mois après, toute trace de branchies et de crête a disparu et l'on a un *Ambystome*, c'est-à-dire un reptile batracien à respiration aérienne, qui rappelle la forme des Salamandres terrestres.

Certains individus mettent un temps très-long à subir ces transformations, surtout lorsqu'ils ne se trouvent pas dans des circonstances complétement favorables. Nous en possédons qui, depuis bientôt trois ans, n'ont encore perdu que les panaches de leurs branchies et portent encore leur crête dans tout son développement; tandis que d'autres prennent toute leur croissance et subissent leur métamorphose dans l'année même de leur naissance.

Il est donc bien certain que l'Axolotl n'est que l'état de larve de l'*Ambystoma luridum*; et ce qu'il y a de plus singulier, c'est que, tandis que les autres batraciens ne prennent la faculté reproductive qu'en devenant adultes, c'est-à-dire quand ils ont subi toutes leurs transformations, l'Axolotl, au contraire, ne se reproduit qu'à l'état de larve; devenu Ambystome il ne se reproduit plus. Ce fait est tout à fait contraire à ce qui a lieu habituellement dans la nature.

Tout le monde connaît les *Grenouilles*, mais il n'en est pas de même de leurs mœurs et de leurs transformations. Ces animaux ont eu de tout temps le dangereux privilége d'attirer l'attention particulière des savants. Leur stoïcisme au milieu des souffrances les plus aiguës, qu'ils endurent sans pousser un cri, les a fait choisir par les physiciens et les physiologistes pour un grand nombre d'expériences scientifiques. Elles ont eu l'honneur peu enviable de servir aux études du célèbre Galvani sur les effets des phénomènes électriques.

Les Grenouilles se distinguent facilement des Crapauds par leurs formes plus sveltes, par la longueur de leurs membres postérieurs, qui leur donnent la faculté de sauter; par les membranes très-étendues qui occupent l'intervalle des doigts, et par leur peau lisse. Ce sont, sans contredit, les plus aquatiques de la famille des Batraciens anoures; elles s'éloignent peu du rivage des eaux douces et paisibles, à quelque temps de l'année que ce puisse être. Pendant l'hiver, et lorsque les insectes qui constituent leur principale nourriture cessent de vaguer, elles s'enfoncent dans la vase et passent dans un engourdissement profond la saison des froids.

Aux premiers rayons du soleil de printemps, sitôt que la nature semble renaître, les Grenouilles sortent de leurs retraites et se préparent de bonne heure à l'acte de la reproduction. Parées de leurs couleurs les plus vives, elles se rassemblent au milieu des roseaux et s'appellent par un cri composé de trois notes *o-lo-lo*. Les Grenouilles ont encore un autre cri que l'on désigne sous le nom de *coassement*, et qu'Aristophane, dans sa comédie des *Grenouilles*, a rendu par *Brekekekex koax koax*. Ce cri n'est plus un appel d'amour, c'est dans l'été, et seulement sur le soir des beaux jours, que les Grenouilles font entendre cette sorte de roulement continu qui retentit à des distances considérables. Le coassement des femelles a beaucoup moins de force et de continuité que celui des mâles.

Les Grenouilles femelles pondent une grande

quantité d'œufs, qui sont fécondés par le mâle au moment même de leur sortie. Ces œufs, demi-transparents, sont réunis en chapelets par un mucus gélatineux qui les enveloppe. Pendant le mois d'avril on les trouve en abondance dans toutes les mares, où on pourra les recueillir pour les mettre dans un bocal avec des herbes aquatiques, afin d'assister au spectacle curieux de leur éclosion et du développement des têtards.

Ces œufs enflent dans l'eau et prennent peu à peu une teinte foncée. Au bout de quelques jours, plus ou moins, suivant la chaleur atmosphérique, le petit animal sort de l'œuf ; on lui donne le nom de *têtard*. Il est d'abord muni d'une longue queue charnue, membraneuse sur les bords, d'un petit bec de corne, et n'a d'autres membres apparents que de petites franges aux côtés du cou. Sa forme est celle d'une petite sphère allongée qui lui donne l'apparence d'une grosse tête terminée par une queue, de là le nom de *têtard* ou de *grosse tête*. Ces êtres singuliers changent successivement de forme, de structure intérieure, de mœurs, et l'étude de ces transformations est une des plus intéressantes et des plus instructives de l'histoire des animaux.

Vous voyez sortir de l'œuf une très-petite boule noire munie d'une queue qui s'agite dans l'eau avec une grande rapidité. Au bout de quelques jours se

montrent les branchies : ce sont de petites houppes
très-nombreuses, attachées à quatre arceaux cartilagineux, placés de chaque côté du cou et qui forment

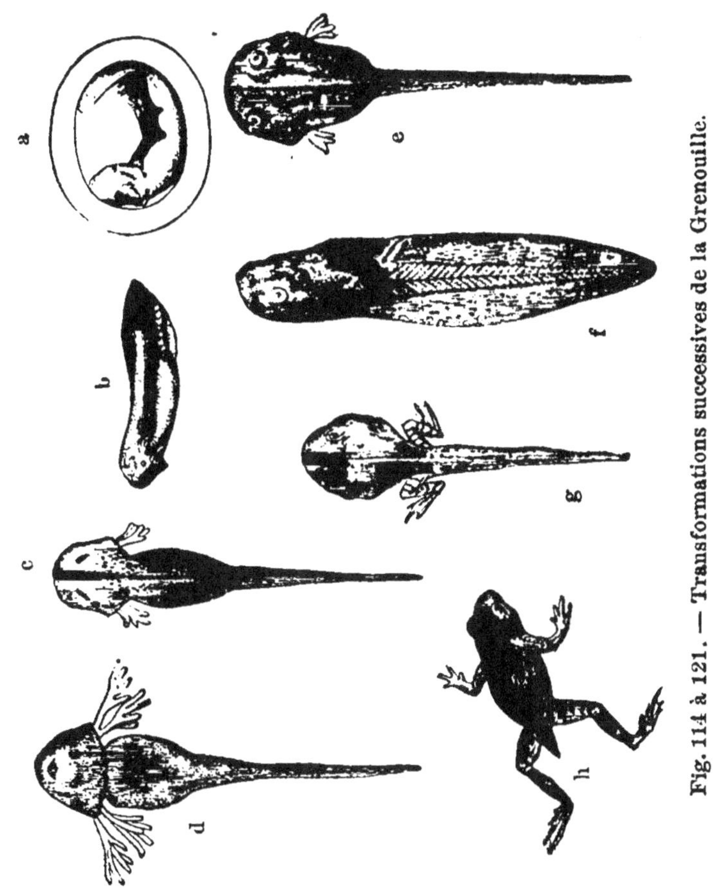

Fig. 114 à 121. — Transformations successives de la Grenouille.

un fort joli sujet d'étude microscopique. Le têtard
grossit de plus en plus et s'organise. Au bout de
quinze jours on commence à voir des yeux et des
rudiments de pattes de derrière ; quinze jours après,

celles de devant se développent à leur tour. La queue
est résorbée par degrés; le bec tombe et laisse paraître les véritables mâchoires ; enfin, ce n'est qu'au
bout de deux ou trois mois que les têtards se changent en véritables Grenouilles. Au bout de ce temps
leur peau se fend et l'on voit sortir un animal
d'une forme très-différente, mais qui conserve
cependant encore une queue, laquelle diminue
chaque jour de volume et finit par disparaître complétement. L'organisation du nouvel animal est bien
différente de celle du têtard. En effet, celui-ci avait
une vie exclusivement aquatique et respirait par des
branchies ; devenu Grenouille, il respire l'air en
nature par des poumons, et mourrait asphyxié si on
le maintenait trop longtemps sous l'eau. Les membres et la queue des têtards se régénèrent comme
ceux des Tritons ; il n'en est pas de même des Grenouilles. Celles-ci ne se nourrissent que de proies
vivantes ; le têtard ne mange que des matières végétales. Cependant lorsque ces derniers sont privés de
cet aliment naturel, ils ne dédaignent pas la chair,
et j'ai pu constater maintes fois qu'ils ne se faisaient
aucun scrupule de grignoter leurs frères, lorsqu'un
de ceux-ci venait à mourir ou était paralysé par la
maladie. On les voit alors rassemblés par douzaines
autour du moribond dont ils font chère lie. Les têtards se rendent même très-utiles dans un aquarium

en le débarrassant de toutes les matières végétales et même des déjections animales qui troublent l'eau ; mais il sera difficile de les y conserver, s'ils ont pour voisins des Tritons, des Axolotls ou de gros poissons.

Quant aux Grenouilles, il vaut mieux leur donner la liberté dès qu'elles ont atteint leur entier développement ; car, outre qu'il est difficile de les conserver, elles commettent des dégâts qui ne justifient que trop leur bannissement. Nous en excepterons toutefois la *Rainette*, charmante petite Grenouille d'un vert tendre, semblable à celui d'une feuille naissante, avec une ligne jaune et noire de chaque côté du corps, et les yeux entourés d'un cercle d'or. Ses pattes garnies de pelotes à ventouse, lui permettent de se maintenir à la surface des corps lisses ; aussi grimpe-t-elle sur les arbres, où, adhérente à la surface d'une feuille, elle reste immobile aux aguets des moucherons.

La Rainette chante rarement le jour, mais fait entendre le soir un chant sonore qu'elle interrompt au moindre bruit. Plus fort que celui de la Grenouille, ce chant peut se traduire à peu près ainsi : *Karak-rarak-rak-karax*. Cette jolie Grenouille passe une partie de son existence dans l'eau des mares. La pression atmosphérique et la tension électrique paraissent avoir sur elle une influence assez marquée.

Cette sensibilité fait que beaucoup de gens la gardent dans un bocal à moitié rempli d'eau et pourvu d'une petite échelle. L'ascension de la Rainette, sa retraite sous l'eau, sa vivacité ou sa torpeur, indiquent à peu près aux campagnards ce que les citadins demandent au baromètre bric à brac de leur salle à manger. Le maréchal Bugeaud possédait, dit-on, une Rainette qu'il ne manquait jamais de consulter au moment d'une expédition.

Quant au Crapaud, c'est une affreuse bête bien plus digne de figurer dans l'antre d'une sorcière que dans un aquarium. Il ne vit d'ailleurs dans l'eau que sous la forme de têtard et pour accomplir l'acte de la reproduction. Le têtard du Crapaud diffère peu de celui de la Grenouille, cependant sa couleur est beaucoup plus foncée.

CHAPITRE XIII.

MOLLUSQUES, ANNÉLIDES ET CRUSTACÉS.

Parmi les Mollusques ou animaux à coquille, plusieurs espèces sont non-seulement très-intéressantes à introduire dans l'aquarium, mais encore très-utiles. C'est ainsi que les Planorbes et les Lymnées, que l'on voit en grand nombre dans les étangs et les mares herbeuses, occupées à brouter ces prairies sous-marines, serviront dans l'aquarium à maintenir la transparence de l'eau en dévorant tous les détritus végétaux et animaux qui en troubleraient la limpidité. En outre, ils s'opposeront à l'envahissement de la matière verte qui, sous l'influence de la lumière, se développe spontanément et arrive à envahir non-seulement les rocailles, mais à obscurcir complétement les glaces de l'aquarium. Il faut seulement les surveiller avec soin et retirer aussitôt toute coquille dont l'habitant resterait opiniâtrement renfermé chez lui plus longtemps que d'habitude ; car, s'ils se laissent mourir dans l'aquarium, ce qui arrive souvent, surtout aux bivalves, ils se putréfient rapidement et répandent en abondance de l'hydrogène sulfuré, dont l'horrible infection empoisonne bientôt le liquide et décime la population aquarienne.

Les *Planorbes*, dont la forme rappelle en petit celle des Ammonites des temps antédiluviens, sont des colimaçons d'eau, à coquille mince en forme de disque, à spire aplatie, et dont tous les tours sont également visibles en dessus et en dessous. On les rencontre en abondance dans toutes les eaux douces dont le fond est garni d'herbes aquatiques, qu'elles broutent paisiblement. On les voit souvent venir à la surface, où elles nagent la coquille renversée. L'animal est de forme conique, très-allongé, et rampe sur un pied ovale assez large. Leurs cornes ou tentacules sont très-longues, minces, pointues et portent les yeux à leur base interne. Leur bouche, placée en dessous, est fendue en forme de T.; elle est munie supérieurement d'une dent cornée en croissant et, inférieurement, d'un langue courte, hérissée de petits crochets cartilagineux, au moyen desquels l'animal râpe en quelque sorte les tissus végétaux.

Les Planorbes déposent sur les plantes aquatiques leurs œufs enveloppés dans une masse gélatineuse, par laquelle ils adhèrent aux feuilles et aux tiges. Mais dans l'aquarium, les jeunes mollusques seront aussitôt dévorés que nés. Si donc l'on veut jouir du plaisant spectacle de leur sortie de la masse gélati-

neuse, par centaines, comme un essaim de perles
d'or, il faudra mettre à part, dans un bocal, les tiges
sur lesquelles sont fixées les masses d'œufs et les
exposer en pleine lumière.

Fig. 122.   Fig. 123.
Paludina vivipara.

L'espèce la plus grande du genre est le Planorbe
corné (*Planorbis corneus*); sa coquille a de 25 à
30 millimètres de diamètre;
elle est d'un brun fauve couleur de corne. Le Planorbe
caréné (*Pl. carinatus*), largè
de 15 à 18 millimètres, est
encore plus aplati.

Les *Lymnées*, non moins
répandues que les Planorbes,
et dont les mœurs sont ana-

Fig. 124.
Limnæus auricularius.

logues, sont bien faciles à reconnaître à leur longue

coquille pointue rappelant la forme d'un bonnet de magicien. L'animal, plus court que celui des Planorbes, rampe sur un large pied ovalaire. Sa tête, large

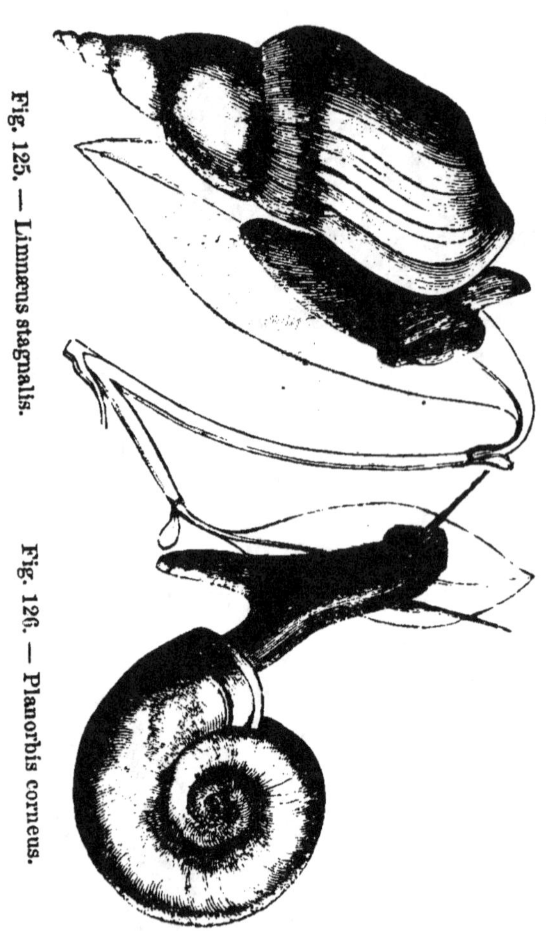

et aplatie, porte de chaque côté un tentacule court, triangulaire. La bouche, que l'animal peut faire saillir en forme de petite trompe, est armée de trois dents cornées avec lesquelles il coupe les fibres des herbes aquatiques dont il se nourrit. Comme les Planorbes, les Lymnées viennent fréquemment à la surface de l'eau, où elles nagent la coquille renversée ; car ces mollusques ne peuvent rester très-longtemps sous l'eau, obligés qu'ils sont de respirer l'air en nature comme tous les animaux pourvus de poumons. Il

Fig. 127 et 128.
Physa fontinalis.

est fort curieux de voir ces animaux nager à la surface, renversés de manière à présenter la face inférieure de leur pied. Dans cette position ils se meuvent lentement en exécutant les mouvements musculaires de la reptation, et l'on se demande comment la couche d'eau excessivement mobile sur laquelle l'animal agit, peut offrir assez de résistance pour lui permettre de ramper comme sur un corps solide.

Fig. 129 et 130.
Valvata piscinalis.

Les Lymnées sont très-utiles dans un aquarium et au même titre que les Planorbes, moins que celles-ci cependant, car elles ne se contentent pas des végétations confervoïdes et attaquent gloutonnement les plantes les plus précieuses de l'aquarium, telles que la Vallisnérie, la Morène, les Potamots. Elle ne respecte guère que l'Anacharis.

La Lymnée des étangs (*Lymnæa stagnalis*) pose souvent ses œufs contre les parois de l'aquarium.

Fig. 131.
Cyclas rivicola.

Ce sont des cordons de substance visqueuse et transparente, longs de 3 centimètres et légèrement recourbés. Les germes, régulièrement disposés, ressemblent, lorsque leur coquille commence à se former, à des points dorés.

La Paludine (*Paludina vivipara*), qui habite en abondance les eaux dormantes, est encore une excellente acquisition pour l'aquarium. Sa coquille conoïde, formée de tours arrondis, est lisse et verdâtre, marquée de deux ou trois bandes longitudinales de couleur pourpre. L'animal est allongé et rampe sur un pied ovale ; sa tête est munie d'une courte trompe pourvue d'une langue hérissée de pointes cornées, et surmontée de deux tentacules coniques portant les yeux à leur base extérieure.

La Paludine est vivipare ; ses petits viennent au monde tout formés, et rien ne leur manque, pas même leur coquille. Le savant abbé Spallanzani

assure que les petits, pris au moment de leur naissance et nourris séparés, se reproduisent sans fécondation, comme ceux des pucerons. C'est une
expérience intéressante à faire.

Les *Physes*, petits mollusques à coquille ovale,
très-répandus dans les fontaines et les ruisseaux,
sont remarquables par leurs longs tentacules grêles
et pointus. L'animal, quand il nage ou qu'il rampe,
recouvre sa coquille des deux lobes dentelés de son
manteau.

Quant à la *Néréide*, qui porte ses œufs sur le test,
à l'*Ancyle*, dont la coquille ressemble à un bonnet
phrygien, à la *Bythinie*, chez-laquelle l'ouverture
est munie d'un opercule à charnière, comme une
porte se fermant à volonté, ce sont des mollusques
très-intéressants, mais ils périssent promptement
dans l'aquarium.

L'*Anodonte* ou Moule d'étang, l'*Unio* ou Moule
des peintres, la Cyclade (*Tellina cornea*), qui se
trouvent dans nos ruisseaux et dans nos mares, sont
des mollusques bivalves acéphales qui, à vrai dire,
n'offrent pas grand intérêt dans un aquarium et qui
d'ailleurs y vivent difficilement.

Certains animaux qui, à beaucoup de gens, n'inspirent que dégoût et horreur, peuvent cependant,
par leur beauté, faire l'ornement d'un aquarium. Ce
sont..... faut-il le dire ! Ce sont les sangsues. Oui,

Fig. 132. — Sangsue commune.

les sangsues, qui non-seulement ont souvent une magnifique coloration, changent à chaque instant de forme et de nuances, mais offrent encore au naturaliste des mœurs très-curieuses à étudier.

Nous avons vu, chez un médecin de nos amis, des bassins remplis de sangsues, qui offraient le spectacle le plus varié et le plus animé. Il y avait là des sangsues d'Algérie, dont la peau d'un vert brillant est couverte de taches jaune clair avec un point noir au centre; celle du Maroc dont la robe, également verte, est couverte de taches et de bandes d'un rouge éclatant; la sangsue de Corse, noire piquetée de blanc, à côté de celle de Géorgie, jaune à dessins roses; celle de la Bresse, toute violette, près de celle du Poitou, nommée *fleurie*, à raison de l'élégance de sa robe verte toute brodée de fleurs jaunes. La sangsue commune elle-même présente les changements les plus curieux de forme et de coloration.

Examinez cette sangsue immobile au fond de ce bocal; elle a la forme d'une amande et vous paraît d'un brun jaunâtre; — elle se dispose à changer de place, elle devient ronde et trois fois plus longue; elle vous paraît alors de couleur jaune avec reflet vert; mais la voilà qui se décide à nager, elle s'allonge davantage encore; de ronde elle devient plate comme un ruban, et l'on reconnaît alors qu'elle n'est pas, comme on l'aurait cru, d'une seule couleur, mais qu'elle est parcourue dans sa longueur par six bandes jaunes avec des taches noires.

Aucun animal ne présente plus de variation dans la forme, les mouvements, la position : l'une, attachée au sommet par son extrémité antérieure arrondie en forme de disque, se laisse pendre de toute sa longueur ; une autre, fixée en même temps par ses deux disques ou extrémités, est suspendue en forme d'anse. Celle-ci marche hors de l'eau en faisant glisser son corps ; celle-là s'avance dans l'eau en se courbant en arcade, elle est allongée et aplatie : touchez-la et elle se contractera en forme d'olive.

Mais si, malgré toutes leurs séductions, vous ne voulez pas des Sangsues, qui attaquent les animaux et leur sucent le sang, voici d'autres Annélides tout aussi curieuses et plus inoffensives.

La *Néphélis*, qui n'a pas de dents pour entamer la peau des animaux, et qui ne suce pas le sang, se nourrit de larves d'insectes et de petits vers qu'elle avale. Elle a 4 à 5 centimètres de longueur, et sa couleur, très-variée, est rouge, rose, verte, parfois pointillée de jaune. On la trouve en abondance dans les ruisseaux. Son mode de reproduction est très-curieux : au printemps et pendant toute la belle saison, elle dépose sous les pierres, autour de la tige des végétaux aquatiques, des œufs sous la forme d'une capsule ovale, longue de 3 à 4 millimètres, de couleur jaune d'abord et devenant rouge ou brune. Leur enveloppe est transparente, et l'on peut, dans ceux qui adhèrent aux parois des bocaux, observer le développement des germes et des jeunes Néphélis. Mais ne croyez pas qu'elles pondent ces œufs comme le font les oiseaux; non, l'œuf de cette Annélide n'est pas produit à l'intérieur, mais en dehors du corps de l'animal.

Lorsque les Néphélis sont disposées à pondre des œufs, leur corps offre, non loin de son extrémité antérieure, une partie annulaire gonflée, comme chez les Lombrics; ce gonflement est formé par la tuméfaction de petites glandes existant sous la peau de cette partie qui a reçu le nom de *ceinture*. A un moment donné, ces glandes se gonflent et sécrètent une matière visqueuse, qui, en se desséchant, forme autour de la ceinture de la Néphélis une espèce de tuyau membraneux. L'animal y dépose alors un liquide contenant des germes, puis se retire peu à peu d'avant en arrière. Après sa sortie, l'ouverture de chaque extrémité du tuyau se ferme par le resserrement élastique de son contour et il reste une capsule contenant de trois à six germes, et adhérant aux pierres ou aux plantes.

La *Glossiphonie*, que l'on trouve souvent appliquée sous les pierres, les bois flottants, est longue de 2 à 3 centimètres; sa couleur est un cendré verdâtre avec deux rangées de points blancs saillants séparés chacun par deux points blancs. Elle mérite, par la singularité de ses mœurs, de figurer dans l'aquarium.

La Glossiphonie se trouve dans les ruisseaux, sous les pierres et au milieu des végétaux ; elle est aplatie sous le ventre, légèrement convexe sur le dos ; quand on la touche, elle se roule en boule comme le Cloporte. Elle se nourrit principalement du sang des mollusques. La peau du ventre, qui est transparente, laisse voir le tube digestif, composé d'un canal central et de neuf petites poches latérales, dont la grandeur va en augmentant d'avant en arrière, et qui le fait ressembler à une jolie feuille composée de folioles régulièrement opposées. Ces folioles sont blanches quand l'Annélide a sucé une Lymnée, brunâtres quand c'est un Physe, et rougeâtres quand c'est une Planorbe.

Aux premiers jours du printemps, la Glossiphonie pond 20 à 60 œufs sphériques, d'un beau vert, parfois incolores. Ils restent attachés sous son ventre. Quand, appliquée contre les parois de l'aquarium, elle les recouvre de son corps, elle semble les couver. Au sortir de l'œuf, les jeunes Glossiphonies restent elles-mêmes adhérentes sous le ventre de leur mère.

L'*Aulastome*, assez commune dans les eaux stagnantes, ressemble beaucoup aux Sangsues, mais elle ne suce pas le sang, bien qu'on l'ait souvent confondue avec la Sangsue de cheval, et vit en dévorant des vers et des larves aquatiques. Elle est longue de 6 à 9 centimètres; sa couleur est d'un brun verdâtre, avec des points noirs en dessus, d'un gris jaunâtre en dessous.

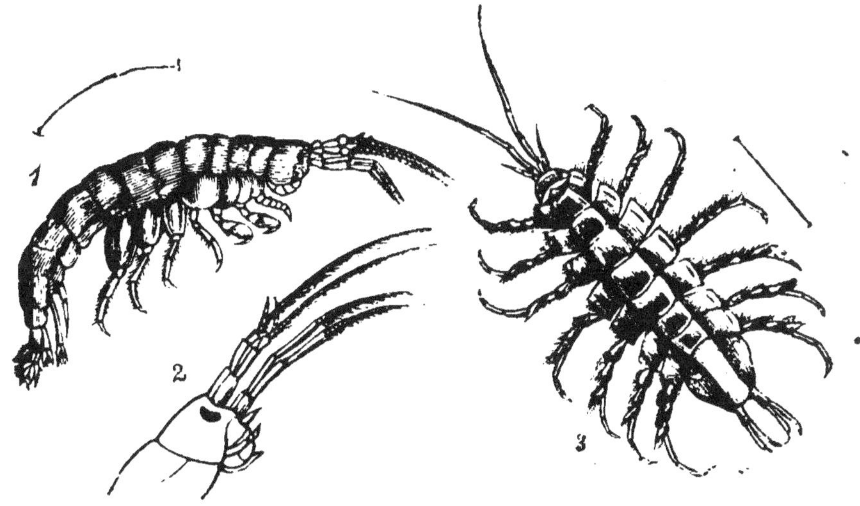

Fig. 133 à 135. — 1 et 2, Crevette des ruisseaux. — 3, Aselle d'eau douce.

Les Crustacés fourniront un très-petit nombre d'hôtes à l'aquarium d'eau douce.

L'*Écrevisse* commune, la plus importante de cette classe, ne peut se faire à la vie calme et uniforme de l'aquarium, habituée qu'elle est au mouvement rapide des eaux courantes. Elle y vivra quelques jours, tristement retirée sous une touffe d'herbes ou dans quelque trou de rocaille, et ne tardera pas à périr de nostalgie.

La Crevette des ruisseaux (*Gammarus fluviatilis*) abonde dans nos ruisseaux et surtout dans les filets d'eau des cressonnières. C'est un petit animal, long tout au plus de 2 centimètres, reconnaissable à son dos courbé en arc, à ses flancs comprimés et à ses quatorze pieds. Ce petit crustacé est très-vif et nage toujours au fond, couché sur le côté ; son principal moyen de progression consiste dans la détente rapide des appendices de la queue. Il est carnassier et vit surtout de la chair des poissons morts. La femelle, beaucoup plus petite que le mâle, porte ses œufs sous son ventre jusqu'au moment où ils éclosent, et les petits qui en sortent cherchent pendant quelque temps un abri sous les lames latérales du corps de leur mère.

La Crevette des ruisseaux ne peut vivre longtemps dans l'aquarium, où elle devient aussitôt la proie des autres animaux, poissons et Tritons, qui en sont très-friands. Il faut donc, si l'on veut en faire un objet d'étude particulier, la conserver à part, dans un bocal, avec quelques brindilles de Callitric ou d'Anacharis.

L'Aselle d'eau douce (*Asellus aquaticus*), espèce de cloporte aquatique assez répandue dans les mares, est encore plus petite que la Crevette d'eau douce.

Elle est munie de quatre antennes assez longues et de quatorze pattes, à l'aide desquelles elle marche sur les herbes aquatiques, mais elle ne nage pas. On la voit agiter sans cesse les lames qu'elle porte sous la queue; ce sont ses organes respiratoires, ses branchies. La femelle porte ses œufs enfermés dans

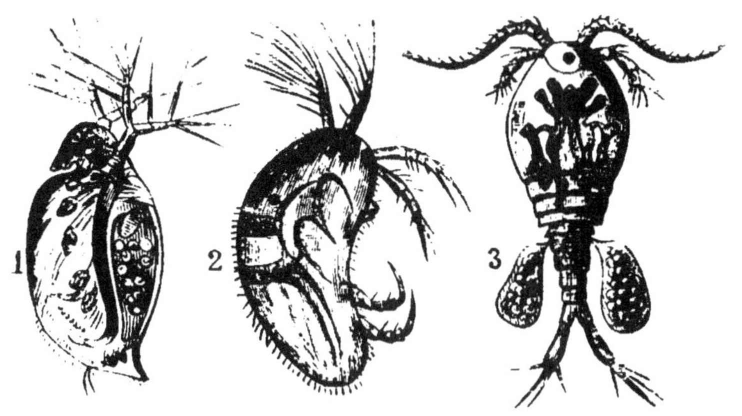

Fig. 136 à 138. — 1, Daphnie. — 2, Cypris. — 3, Cyclope.

un sac membraneux placé sur la poitrine et qui se fend pour donner passage aux petits.

On trouve dans l'eau des flacons où l'on aura déposé des plantes aquatiques un grand nombre de petits crustacés très-curieux de formes et d'habitudes, mais dont l'étude nécessite l'emploi d'une forte loupe. Ils appartiennent à l'ordre des *branchiopodes*, c'est-à-dire de ceux dont les pieds portent des branchies.

Celui-ci, qui s'élève à chaque instant dans l'eau en sautant comme une puce, c'est la *Daphnie*, qu'on nommait autrefois, pour cette raison, la *Puce aquatique*, ou le *Monocle arborescent*, parce qu'elle n'a qu'un seul œil, et que ses bras, qui lui servent à s'élever dans le liquide, sont ramifiés comme des branches d'arbre. Rien n'est plus curieux que l'organisation de ce petit crustacé; sa transparence permet de distinguer les battements de son cœur et le mouvement du sang qui circule dans tout son corps, et les muscles qui se contractent pour mouvoir son œil ou ses bras ou sa queue; car il a tout cela, malgré son extrême petitesse.

Ceux qui ne sont pas, comme la Daphnie, renfermés dans une carapace de deux pièces, mais dont le corps allongé se termine par une queue droite, articulée, se nomment *Cyclopes;* leurs mouvements sont bien plus vifs. Remarquez que quelques-uns d'eux portent deux petits sacs pendus à la naissance de la queue; ces sacs renferment leurs œufs, et ceux-ci donneront naissance, non point à des Cyclopes pareils à la mère, mais bien à de petits êtres d'une forme si bizarre et si différente, que plusieurs naturalistes, et entre autres Müller, qui le premier fit connaître avec quelque exactitude le monde microscopique, les ont décrits comme des animaux d'un genre tout différent.

Ces petits corps ovales, en forme de haricot, qui sont renfermés, comme les moules, dans une petite coquille bivalve, d'où ils ne font sortir que l'extrémité de leurs six pieds et de leurs antennes, sont des *Cypris*.

CHAPITRE XIV.

LES INSECTES.

Dytiques et Hydrophiles.

Les insectes ne sont pas les moins intéressants des habitants des eaux ; leurs mœurs, leurs transformations et leurs instincts sont pour le moins aussi curieux et aussi instructifs que ceux des poissons, des reptiles et des mollusque. Si donc vous voulez faire connaissance avec les nombreuses populations de cette classe, prenez votre troubleau, quelque flacons à large ouverture et une boîte à pêche, en fer-blanc, et rendez-vous sur le bord d'un étang, d'un ruisseau ou d'une mare, pourvu, toutefois, qu'ils ne soient pas fréquentés par les canards ou les oies domestiques, qui ne vous laisseraient pas grand chose à glaner.

Jetez rapidement votre troubleau, promenez-le au-dessous et autour des plantes et des herbes aquatiques et ramenez-le vers vous, l'ouverture en haut, laissez écouler l'eau et regardez. Ce gros insecte coléoptère d'un vert olive bordé de jaune, qui marche sur ses compagnons comme un conquérant, est un Dytique, le tyran des eaux. Ces autres, de forme à peu près semblable, mais de taille plus petite, sont des Colymbètes de diverses espèces. Prenez-les et placez-les dans un flacon rempli d'eau claire en y ajoutant quelques tigelles d'herbes aquatiques. Au fond du filet, parmi les détritus, vous trouverez encore de plus petites bêtes, toujours d'une forme analogue aux plus grandes; ce sont des Hydropores et des Haliples. Tous ces insectes sont carnassiers et vivent aux dépens des autres habitants des eaux, sans en excepter probablement ceux de leur propre espèce. La famille à laquelle ils appartiennent est celle des Hydrocanthares ou Scarabées d'eau, qui représente dans l'onde celle des carnassiers sur terre.

Dans les filets se trouveront sans doute encore quelques Hydrophiles, insectes herbivores qu'on aura soin de mettre dans un autre flacon. On récoltera aussi des Nèpes, des Notonectes, des Hydrocorises ou Punaises d'eau et une foule de vers et de larves de toute espèce, que l'on répartira autant que possible dans des flacons séparés.

Les insectes d'eau semblent affectionner certaines localités : vous les trouverez en quantité dans quelques mares, tandis que dans d'autres vous n'en prendrez pas un seul, et sans qu'il y ait à cela de raison apparente. Un été sec, où les mares sont en partie desséchées, est une bonne saison pour prendre des insectes d'eau, attendu qu'ils sont alors rassemblés en plus grand nombre dans celles qui restent. Les insectes parfaits émigrent au gré de leur fantaisie, ayant la plupart, quoique habitant l'eau, de vigoureuses ailes; c'est principalement la nuit qu'ils prennent leur vol et se transportent d'une mare à l'autre; aussi faut-il avoir soin de placer dans les bocaux où on les conserve une petite planchette de liége ou de bois où ils puissent se reposer, et de recouvrir le vase d'une gaze légère retenue autour du bord par un anneau de caoutchouc. Dans les premiers temps je négligeais cette précaution; aussi, lorsqu'une plante élevait au-dessus de l'eau une tige assez forte pour ne pas plier sous leur poids et leur permettre de prendre leur vol, étais-je souvent réveillé pendant la nuit par le bruit de leurs ailes; ils faisaient, en bourdonnant, cent fois le tour de ma chambre, et regagnaient le matin leur humide résidence. Il leur arrivait même parfois de se tromper de vase et d'entrer dans un verre d'eau placé sur ma table de nuit.

En général, les insectes d'eau sont plus propres à être conservés dans les réserves que dans l'aquarium, si l'on en excepte un petit nombre qui, comme le gros Hydrophile, sont inoffensifs et d'assez forte taille pour ne pas être mangés eux-mêmes. — Les coléoptères fourniront une large part à cette nouvelle

population qui, dans la seule famille des Hydrocanthares, compte une grande quantité d'espèces, dont
quelques-unes fort belles et fort intéressantes. Tels
sont les grands Dytiques, qu'à cause de leur voracité
on ne peut guère mettre dans un aquarium avec
d'autres animaux. Rien n'égale leur audace et leur
férocité; j'en ai vu un s'élancer sur une Carpe, s'attacher à son flanc et, malgré son agitation violente,
ne lâcher prise qu'après lui avoir enlevé le morceau.
J'en ai vu un autre bondir comme un tigre sur un
Hydrophile plus gros que lui, s'accrocher sur son
dos et, lui enfonçant ses mandibules tranchantes au
défaut de la cuirasse, entre la nuque et le corselet,
lui séparer la tête du tronc.

Tout dans les Dytiques annonce des animaux con-
formés pour la natation et pour la prédation. La
forme oblongue ou naviculaire de leur corps, leur
tête enfoncée jusqu'aux yeux dans le corselet et
armée de fortes mâchoires recourbées en crochet;
leurs pattes antérieures courtes et robustes, et les
postérieures longues, droites et comprimées en
forme de rames, leur permettent de se mouvoir avec
la plus grande facilité au sein des eaux et d'y poursuivre leur proie. Favorisés par la nature, ils peuvent également marcher sur terre et s'élever dans
l'air.

L'apparence du Dytique, au milieu de l'eau, est

très-remarquable ; ses élytres y paraissent d'un vert olive brillant, bordées d'une bande jaune clair qui entoure également le corselet et teint la lèvre supérieure. Ses yeux brillent comme de l'argent. Le mâle se distingue par ses pattes antérieures garnies de larges palettes et par ses élytres lisses ; la femelle a les pattes antérieures dépourvues de palettes et les élytres profondément sillonnées jusqu'aux deux tiers de leur longueur.

J'ai conservé très-longtemps le .Dytique bordé (*D. marginalis*) en captivité ; un mâle est resté pendant près de trois ans dans un de mes bocaux, et, très-probablement, ce fut au célibat qu'il dut sa longévité ; car, lorsque j'ai voulu conserver ces mêmes insectes par couples, je n'ai jamais pu les garder au delà de quelques mois. Toujours le mâle est mort le premier, et, invariablement, son corps a été dévoré par sa veuve, qui, sans doute, se consolait ainsi de la perte douloureuse qu'elle venait d'éprouver. Les femelles paraissent d'ailleurs encore plus voraces que les mâles. On les nourrit avec du bœuf cru, auquel ils s'attachent avec leurs pattes et dont ils sucent les sucs. L'été, on peut les fournir de larves ou d'insectes aquatiques, qu'ils saisissent avec leurs pattes de devant et mettent en pièces avec leurs mandibules, rejetant les élytres et les autres parties dures. — Je mis un jour dans leur bocal une petite grenouille d'environ 4 centimètres de longueur : l'infortuné batracien fut dépecé et dévoré en quelques heures par le couple d'ogres à six pattes.

La larve du Dytique n'est pas moins vorace que l'insecte parfait; elle suce comme un vampire les

Fig. 139 à 140. — Dytique bordé et sa larve.

vers, les mollusques et même les petits poissons dont elle peut s'emparer. C'est une espèce de ver de couleur brunâtre, dont le corps, composé de douze segments, porte une grosse tête ronde et plate armée de grandes mâchoires arquées comme des pinces. Ces mâchoires sont creuses et percées d'un trou sur leur côté interne. L'animal enfonce ces armes terribles dans le corps de sa victime et suce, au moyen de leur ouverture, tous les sucs qu'il renferme. Toujours disposée à la curée, cette larve assassine nage sournoisement au fond des eaux, en quête d'une proie. Sa queue est munie à son extrémité de deux appendices frangés de poils qui servent à la respiration. Elle nage au moyen des mouvements onduleux et vifs de son corps, en battant l'eau de sa queue, dont les appendices lui servent de nageoires. Si quelque danger la menace, elle se redresse terrible et superbe en ouvrant ses grandes mâchoires, et se retire en faisant face à l'ennemi.

Après avoir changé trois fois de peau et acquis tout son développement, elle quitte l'eau, se creuse dans le sol, à l'aide de sa tête, une cavité ovale où elle se change en nymphe; au bout de quinze à vingt jours, l'insecte parfait éclot et regagne l'eau pour y continuer sous sa nouvelle forme le cours de ses déprédations.

Puis viennent les Colymbetes, les Aciles, les Hygrobies, les Haliples, les Hydropores, nombreuses espèces dont quelques-unes ne sont pas plus grosses qu'une puce. Toutes, quelle que soit leur taille, sont carnassières et vivent de petits animaux aquatiques. La forme de ces petits tyrans des eaux est à peu près la même, la forme naviculaire; leurs différences consistent principalement dans la taille et la couleur ; encore celle-ci est-elle le plus souvent un brun plus ou moins foncé, variant du jaune au noir. Pour bien juger de leur voracité, il suffit de suspendre dans l'eau, au bout d'un fil, un petit morceau de viande crue. On les voit aussitôt accourir de toutes parts et se précipiter sur cette proie comme des bêtes fauves ; ils y plongent la tête, s'y attachent comme des dogues et finissent toujours par en emporter quelques lambeaux. Ils se familiarisent assez vite et suivent le doigt le long de la glace dans l'attente d'une nourriture.

Il est très-intéressant d'observer les mouvements des Hydrocanthares. Leur natation est très-rapide, leurs longues pattes de derrière leur servant de rames. Les membres sont garnis au côté interne d'une frange de longs poils raides qui se redressent lorsque les pattes sont projetées en arrière et accroissent ainsi la surface, tandis qu'ils se couchent le long de la jambe lorsque celle-ci remonte, et diminuent ainsi la résistance de l'eau. Bien que ces insectes soient doués de puissants moyens de locomotion, on remarque qu'ils ne peuvent descendre au fond de l'eau sans efforts, tandis que pour monter à la surface ils n'ont qu'à frapper de leurs pieds le fond. Cela dépend de ce qu'ils sont plus légers que l'eau. Respirant l'air en nature, ils ont besoin de renouveler à tout moment leur provision ; aussi les voit-on venir à la surface la tête en bas et le ventre en haut ; ils tiennent celui-ci élevé hors de l'eau pendant quelques secondes, dans le but de faire pénétrer l'air dans les stigmates ouverts sur les côtés de l'abdomen ; puis, lorsqu'ils l'ont recueilli en quantité suffisante, ils replongent dans l'eau Ils montent et descendent ainsi continuellement.

Après les Dytiques, qui sont les géants de la famille, nous citerons les *Colymbetes*, de plus petite taille, mais qui ont la forme et les appétits voraces des premiers, aussi bien à l'état parfait qu'à celui de larve. Leur couleur est le noir bronzé avec des taches jaunes.

L'Acilie sillonnée (*Acilius sulcatus*) est un des plus jolis Dyticiens. Il a 18 à 20 millimètres de longueur. Sa forme est plus ovale et plus déprimée. Il est en dessus d'un gris foncé finement moucheté de jaune ; les bords du corselet et des élytres sont jaunes, ainsi qu'une bande au milieu du corselet. Les élytres du mâle sont lisses et luisantes ; celles de la femelle sont creusées de quatre sillons profonds, larges et velus.

Les *Gyrins* sont de petits insectes d'eau, voisins des Dytiques, que l'on voit souvent réunis en grand nombre à la surface de l'eau, où ils décrivent avec une rapidité surprenante mille cercles fantastiques, qui leur ont fait donner le nom vulgaire de Tourniquets et celui plus scientifique de Gyrins, qui n'en est que la traduction. Revêtus de nuances métalliques bronzées, ces petits insectes brillent comme autant d'étincelles sous les rayons d'un beau soleil d'été.

Leurs évolutions sont tellement rapides qu'on a de la peine à les prendre au filet. Parfois ils demeurent tout à fait immobiles et l'on croit n'avoir qu'à mettre le filet dessus; mais tout à coup ils s'échappent comme une flèche, ou plongent rapidement au fond de l'eau. La disposition de leurs yeux, qui sont placés en dessus et en dessous de leur tête, les rend extrèmement difficiles à surprendre. Chez les Gyrins, les pattes antérieures sont beaucoup plus grandes que les quatre autres, ce qui est le contraire de ce que l'on voit chez les Dytiques.

La larve du Gyrin a le corps garni sur les côtés d'appendices frangés de poils qui leur donnent l'aspect d'un petit Mille-pieds. Ces appendices sont des appareils de respiration et servent en même temps à la natation. Comme l'insecte parfait, cette larve est carnassière et se nourrit des petits animalcules qui pullulent dans toutes les eaux stagnantes.

Les œufs du Gyrin ont la forme de petits cylindres et sont d'un blanc jaunâtre ; la femelle les colle sur les plantes ou contre la glace de l'aquarium ; mais les larves qui en proviennent sont très-difficiles à élever.

L'*Hydrophile* est un des insectes d'eau les plus remarquables, non-seulement par sa taille et sa conformation, mais encore par son industrie.

Le grand Hydrophile brun (*Hydrophilus piceus*) est long de 40 à 45 millimètres et large de moitié, d'un brun luisant ou d'une teinte d'olive foncée ; sa poitrine et ses quatre pieds postérieurs sont garnis de poils d'un roux soyeux. Sa forme ovalaire comme celle des Dytiques est un peu moins déprimée. Ses jambes de derrière sont armées de deux longs éperons qui peuvent blesser d'une manière assez vive si on le saisit sans précaution ; il en est de même de la longue épine qui termine son sternum. Muni d'ailes sous ses élytres, il vole le soir d'une pièce d'eau dans une autre. Quoique bien conformé pour la natation, il est moins agile que le Dytique ; mais comme il se nourrit principalement de matières végétales, il n'a pas besoin, comme ce dernier, d'une grande vitesse ni d'une grande force pour poursuivre sa proie. Aussi voit-on souvent les Hydrophiles devenir les victimes des grands Dytiques, qui les tuent en leur enfonçant leurs mandibules dans le cou, la seule partie du corps qui n'est pas défendue chez eux.

Toutefois, si les Hydrophiles le cèdent aux Dytiques

sous le rapport du courage et de la force, ils les sur-
passent beaucoup en industrie. Peu prévoyants pour
la conservation de leur progéniture, ces derniers

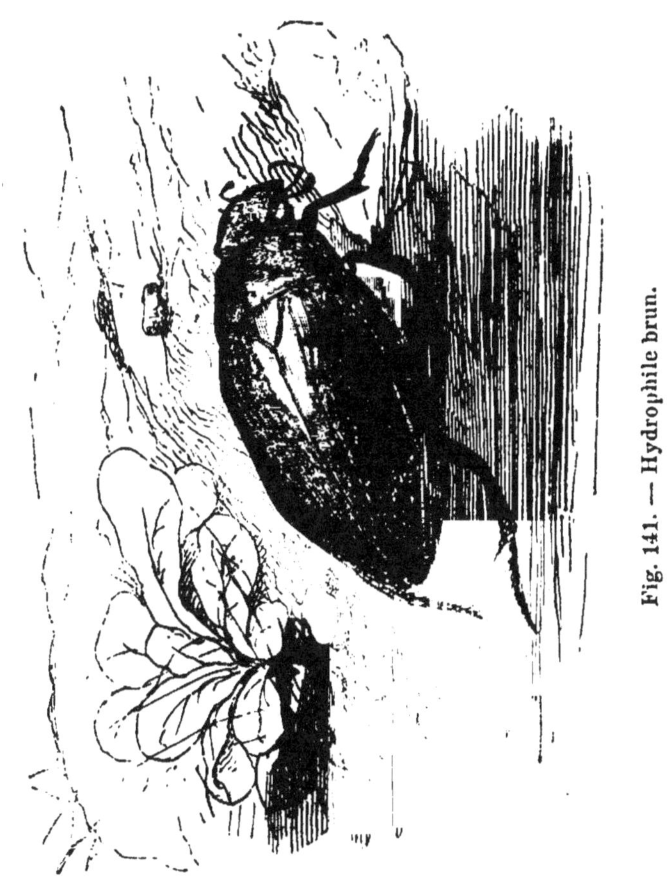

Fig. 141. — Hydrophile brun.

pondent au hasard. Leurs œufs, abandonnés par
les femelles, éclosent où ils se trouvent. La femelle
de l'Hydrophile, au contraire, file une coque pour y
déposer ses œufs. Si vous placez dans un bocal sé-

paré des Hydrophiles avec quelque plante aquatique, vous pourrez jouir du spectacle des curieux procédés qu'emploie cet insecte.

C'est vers la fin de mai ou dans les premiers jours de juin que la femelle se dispose à la ponte. Elle se met aussitôt en devoir de filer sa coque. Elle s'attache au revers de quelque feuille qui flotte sur l'eau, s'y place en travers, le ventre appliqué contre la feuille, et y colle des fils argentés au moyen de deux filières dont est munie l'extrémité de son abdomen. Elle entre-croise successivement ces fils les uns sur les autres et finit par former une sorte de poche dont l'extrémité de son abdomen fait le moule. Elle change alors de position, c'est-à-dire qu'elle se place la tête en bas, sans dégager toutefois la partie postérieure de son abdomen de la poche qui l'enveloppe; elle ajoute de nouvelles couches de fils à la paroi interne de cette poche pour l'épaissir, et l'enduit d'une liqueur gommeuse qu'elle a la faculté de sécréter, de façon à la rendre imperméable à l'eau.

Le cocon terminé, l'Hydrophile femelle y dépose de 45 à 50 œufs blancs, oblongs, verticalement disposés en demi-cercle les uns à côté des autres, et les arrose d'une liqueur particulière qui se transforme par la dessiccation en une matière cotonneuse. Lorsqu'elle a achevé sa ponte, elle ferme sa coque et la surmonte d'une longue pointe conique d'un jaune citron et d'un tissu plus lâche que le reste, pour permettre à l'air d'y pénétrer. Tout ce travail dure environ trois heures.

Douze à quinze jours après naissent les larves ; elles s'agitent d'abord les unes sur les autres pendant quelques heures, se jouant en quelque sorte autour de leur berceau, jusqu'au moment où la faim les en fait sortir pour chercher leur nourriture.

D'autres espèces d'Hydrophiles plus petites renferment aussi leurs œufs dans une coque qu'elles transportent sous leur ventre, comme le font les Araignées. Lorsqu'elle a trouvé un endroit propre pour s'en débarrasser, la femelle grimpe contre une tige qui sort de l'eau, s'y accroche à l'aide de ses quatre premières pattes, et après avoir détaché avec les deux autres le cocon placé sous son ventre, elle le fixe contre cette tige au moyen d'une liqueur agglutinante, de sorte que les larves venant à éclore tombent dans l'eau, où elles doivent vivre jusqu'à leur transformation en nymphes.

Les Hydrophiles à l'état parfait sont herbivores, du moins habituellement ; mais il n'en est pas de même de leurs larves, qui sont exclusivement carnassières comme celles des Dytiques. Elles sont plus larges et plus épaisses que ces dernières ; leur tête large et cornée est armée de deux mandibules fortes et dentées, mais non percées d'un trou comme celles

des Dytiques. Les trois premiers anneaux de leur
corps, auxquels sont attachées les pattes, sont recouverts de plaques cornées très-dures; le reste de
leur corps est mou et recouvert d'une peau ridée en
travers. La tête de ces larves est articulée avec le
corps de manière à pouvoir se renverser sur le dos;
et ce n'est pas en vain que la nature a donné aux
larves des Hydrophiles cette singulière conformation.
En effet, lorsqu'elles ont saisi entre leurs pinces
cornées quelqu'un des petits mollusques dont elles
font leur nourriture, elles reploient leur tête en arrière, en élevant un peu le dos, et celui-ci leur sert
de point d'appui pour casser la coquille, et de table
pour dévorer à leur aise l'animal qu'elle contenait.
Les moyens de défense de ces larves ne sont pas
moins singuliers : si on cherche à les saisir, elles se
rendent tout à coup si flasques qu'on les croirait
privées de vie, et si cette ruse ne leur réussit pas,
elles contractent leur abdomen et lancent par l'anus
une liqueur noire et fétide bien capable de faire
lâcher prise à leur ennemi.

CHAPITRE XV.

LES INSECTES (suite).

*Larves de Libellules, d'Éphémères, de Phryganes, Notonectes,
Nèpes.*

Qui n'a remarqué et admiré ces beaux insectes
aux formes sveltes, aux brillantes couleurs, munis
de quatre ailes de gaze, qui volent pendant toute la
saison au bord des eaux? Ce sont des *Libellules*, plus
généralement connues sous le nom de *Demoiselles*.
Leur appétit carnassier contraste singulièrement avec
la forme si élégante, si gracieuse, qui leur a mérité
ce nom. Avec quelle ardeur elles poursuivent dans
les airs la proie ailée, qui rarement peut leur échapper ; portées sur leurs ailes rapides, elles parcourent
en un clin d'œil un espace considérable et saisissent
au vol la mouche qu'elles dévorent sans s'arrêter.

Tout en elles est approprié à cette vie de rapine ;
leurs ailes sont d'une grandeur démesurée, leurs
pieds sont courts et robustes, leurs mandibules sont
très-fortes, et leurs yeux, plus grands que ceux
d'aucun autre insecte, leur permettent de voir dans
toutes les directions. Les Libellules font partie de
l'ordre des Névroptères (ailes à nervures).

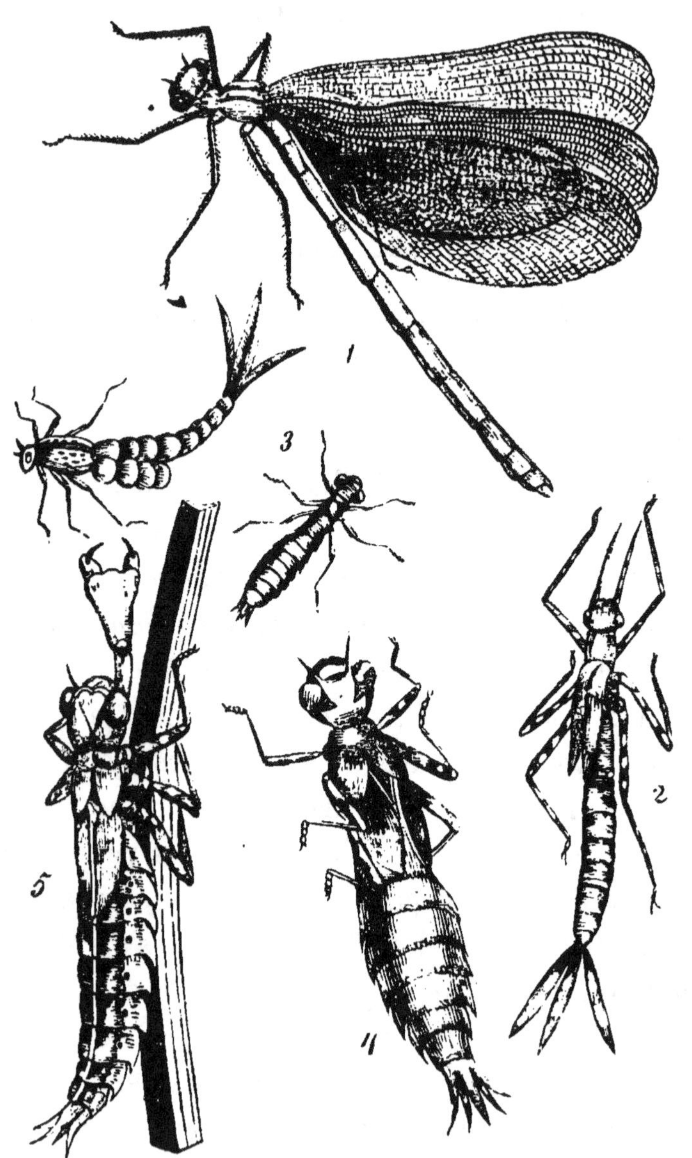

Fig. 142 à 147. — 1, 2, Agrion virgo. — 3, 4, 5, Larves de l'Aesna grandis.

Ces habitants de l'air ont été d'abord habitants des eaux ; ces beaux insectes proviennent d'horribles larves aquatiques, au corps allongé et mou, d'un gris sale. Chaque coup de filet dans une mare ou un étang ramènera plusieurs de ces larves grouillant dans la vase, dont leur couleur les distingue à peine. Malgré leur laideur, ces larves sont très-intéressantes à étudier. Leur face est comme recouverte d'un masque qui se meut à l'aide d'une mentonnière articulée. Cette pièce, qui garnit tout le dessous de la tête, est allongée et porte en avant deux crochets mobiles ; elle s'articule en arrière sur un pédicule long et mobile qui lui permet de s'avancer beaucoup. La larve, dont les mouvements sont trop lents pour lui permettre de poursuivre sa proie, agit de ruse : à moitié enfouie dans la vase, elle attend que quelque insecte plus faible passe à sa portée. Alors elle déploie subitement sa longue palette comme un ressort qui se détend, saisit sa proie avec ses tenailles et la ramène contre ses mâchoires.

Une autre singularité de ces larves, c'est leur manière de respirer. Elles font entrer une certaine quantité d'eau dans leur intestin, qui est garni à l'intérieur de plusieurs rangées de petits tubes respiratoires ; puis, quand cette eau est épuisée de l'air qu'elle contient, elles la lancent avec force et par ce moyen changent de place. Si on touche une de ces larves avec le bout d'une baguette pendant qu'elle chemine sur la vase ou le sable au fond de l'eau, elle contracte brusquement son abdomen ; l'eau qu'il renferme est projetée en arrière, tandis que l'animal lui-même est lancé en avant, comme un canon est porté dans le sens opposé de la bouche par l'effet du recul.

La Libellule pond ses œufs dans l'eau, soit en les laissant tomber au fond, soit en les déposant sur des plantes immergées. Les larves-qui en proviennent vivent pendant près d'une année dans l'eau et s'y transforment en nymphes. Lorsque le moment est venu pour elles de passer à l'état d'insecte parfait, elles grimpent sur quelque plante aquatique et s'accrochent au sommet. Le soleil dessèche bientôt la peau de la nymphe, qui se fend longitudinalement sur le dos, et l'insecte parfait ne tarde pas à en sortir, se dégageant peu à peu de sa laide enveloppe ; mais il est encore mou et froissé ; ses ailes sont repliées et chiffonnées ; on dirait d'une robe élégante au sortir d'une malle trop étroite où elle a été pressée. Bientôt les rayons du soleil sèchent et solidifient ses téguments qui se gonflent et s'étendent ; les ailes se déploient, se dressent, et la Demoiselle prend son vol brillante et parée.

Mais en même temps que les larves de Libellules te de Dytiques, le troubleau nous en ramène d'autres non moins intéressantes : en voici qu'à leur forme et à leur vivacité on prendrait pour de petits poissons ; mais quand elles se posent sur les parois du bocal, on voit qu'elles ont six pattes ; l'abdomen allongé, terminé par trois filets plumeux et garni en dessus d'un double rang de feuillets arrondis qui se meuvent rapidement ; ce sont leurs branchies ou organes respiratoires. Il y en a de plusieurs espèces : les plus grandes ont 12 à 15 millimètres de longueur. Elles se creusent de petites galeries dans la terre molle des berges et passent deux ou trois ans sous cette forme. Singulier contraste avec la courte durée d'existence de l'insecte parfait ! Ces larves donnent en effet naissance à des *Éphémères*, qui, ainsi que leur nom l'indique, n'ont qu'un moment à vivre. Ce sont des mouches à quatre ailes réticulées, de l'ordre des Névroptères comme les Libellules.

Quand arrive le moment de leur transformation vers le milieu de l'été, l'insecte sort de l'eau en grimpant sur quelque plante ; là, la peau se fend au-dessus de la tête et du corselet, et l'Éphémère ne tarde pas à en sortir et à faire usage de ses ailes. C'est ordinairement le soir que naissent les Éphémères, et avec une abondance extraordinaire. On voit leurs vols nombreux et élégants dans les belles soirées d'été, s'élevant et s'abaissant alternativement et comme figurant une danse. Quelques heures avant,

ces gracieux insectes étaient habitants de l'onde, et
dans quelques heures ils n'existeront plus. Rarement ils voient deux soleils ; à l'aube ils ont cessé de
vivre, et les bords des rivières et des étangs, où on
les avait vus naître, sont jonchés de leurs corps ;
leur nombre est quelquefois si considérable que la
terre semble couverte de neige, sans compter ceux
qui sont tombés dans l'eau ; aussi les pêcheurs ont-
ils appelé ces insectes *Manne des poissons.*

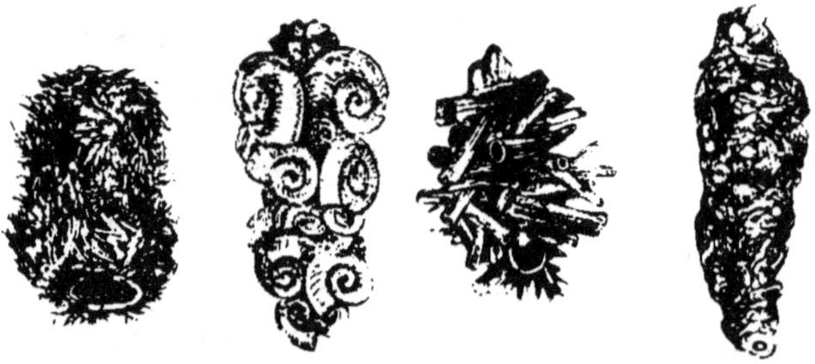

Fig. 148 à 151. — Étuis de Phryganes.

Les Éphémères semblent n'avoir reçu la vie que
pour la transmettre ; pendant leur courte existence
elles ne s'occupent que de leur reproduction. Aussitôt fécondées, les femelles vont pondre leurs œufs
au-dessus de l'eau. Ces insectes ne prennent aucune
nourriture ; aussi leur bouche, organe inutile,
n'existe pour ainsi dire pas.

Parmi les insectes, les larves et les détritus de
toute sorte qu'a ramenés notre troubleau, nous trou-

verons de singuliers petits étuis, formés de diverses matières ; les uns sont faits de petits morceaux de bois liés ensemble ; d'autres, de petites pierres ou de coquilles agglutinées ; celui-ci est fait de brindilles de végétaux artistement entrelacés ; cet autre, d'un bouquet de feuilles vertes, qui ressemble à un bourgeon feuillé. Ces étuis singuliers sont construits et habités par une larve molle à six pieds, qui deviendra une *Perle* ou une *Phrygane*, mouches à quatre ailes de l'ordre des Névroptères comme les précédentes.

Il est fort intéressant de voir ces larves fabriquer leur étui ; il faut donc les mettre à part dans un vase en verre, rempli d'eau limpide, qu'on aura toujours soin de laisser ouvert et à l'abri de la grande chaleur. Pour faire sortir une larve de son étui, il faut employer certaines précautions ; car si on la tirait par la tête, elle se cramponnerait si fortement avec ses crochets abdominaux qu'on ne la retirerait pas entière. Le meilleur moyen est de la pousser par derrière avec une pointe émoussée ou une tête d'épingle ; elle avance ainsi peu à peu et finit par sortir. Si l'on met une larve ainsi sortie à côté de son étui, elle cherchera à y rentrer, mais si on enlève celui-ci et qu'on lui donne les matériaux nécessaires, on la verra s'en fabriquer un autre.

Prenons, par exemple, celle-ci, qui habite un étui

de pierres. Après s'être promenée par tout le vase,

Fig. 152. — Phryganes.

comme pour reconnaître le terrain et choisir un endroit propre à confectionner son étui, la larve choisit

deux ou trois petites pierres plates et en fait une voûte mince, soutenue par des fils de soie, au-dessous de laquelle elle se loge. Ce premier point accompli, on la voit successivement prendre une pierre avec les pattes et la présenter comme le ferait un maçon, cherchant à ce qu'elle rencontre exactement l'intervalle et à ce que la surface soit lisse à l'intérieur ; elle l'attache alors par des fils de soie aux pierres voisines. Elle fait la même chose pour chaque pierre, en se tournant toujours en dedans de son ouvrage, dont elle sort le moins possible, et seulement autant qu'il le faut pour saisir les pierres qui lui conviennent. Elle met 5 à 6 heures à faire son étui, qu'elle tapisse entièrement de soie à l'intérieur.

Si la larve se sert d'autres matériaux, coquilles, bois, feuilles, la fabrication de l'étui est la même, mais d'autant moins longue que les matériaux ont plus de surface. Elle commence toujours par la partie postérieure, et avance ensuite peu à peu. Arrivée au moment de sa transformation en nymphe, la larve s'enferme dans son étui et le bouche ; elle sait que la mollesse de ses téguments et son impossibilité de fuir la livreraient sans défense à ses ennemis. Cette clôture de l'étui se fait aux deux bouts par une grille ou tamis de soie, qui ferme l'étui sans empêcher l'eau de passer. Celles qui font leur étui de pierres le ferment souvent avec une seule pierre plate. La nymphe reste en cet état quelques jours, plus ou moins suivant les espèces ; puis elle ouvre son étui en coupant la grille avec ses mandibules, et en sort. Elle nage à la manière des Notonectes, renversée sur le dos et se servant de ses pattes comme d'avi-rons, et va chercher un endroit sec pour se transformer en insecte par-fait. Là elle se retourne et étend ses membres ; sa peau se fend sur le dos, et l'insecte ailé sort en abandonnant sa vieille enveloppe.

D'autres larves appartiennent à l'ordre des Diptères ou mouches à deux ailes, et se rencontrent en gran-des quantités dans les eaux stagnan-tes. Telles sont celles des trop connus Cousins, dont les mœurs et les trans-formations sont pleines d'intérèt. Une des plus singulières est la larve du

Fig. 153. — Larve de Stratiomys.

Stratiomys. Son corps long, aplati, divisé en anneaux, se termine par une étoile de poils plumeux. Elle respire en tenant le bout de sa queue suspendu à la surface du liquide, et une ou-verture située entre les poils de son extrémité donne passage à l'air.

La famille des *Hydrocorises* ou Punaises d'eau nous fournira plusieurs espèces intéressantes, reconnaissables à leurs ailes à demi coriaces (Hémiptères), à leur trompe courte, mais très-aiguë, appliquée au repos contre la poitrine. Tous ces insectes sont très-carnassiers dans leurs divers états ; ils saisissent les insectes et les vers avec leurs pattes antérieures et les sucent avec leur bec.

L'une des plus intéressantes par son agilité et par ses mœurs est la *Notonecte*, ainsi nommée parce qu'elle nage le plus souvent sur le dos, se servant de ses pattes postérieures très-longues et frangées de poils comme d'avirons. Elle ressemble alors à un petit bateau mu par trois paires de rames. Souvent on la voit, lorsqu'elle est sur le dos, se retourner tout d'un coup avec la prestesse d'un clown.

La Notonecte est longue de 15 à 18 millimètres ; ses élytres brunes ou bleuâtres sont disposées en toit et restent toujours couvertes d'une couche d'air qui les fait paraître argentées sous l'eau. L'insecte, en brossant ses élytres avec ses pattes postérieures, rassemble soigneusement cet air en une bulle destinée à renouveler sa provision , quand il est empêché de venir respirer à la surface par l'extrémité de son abdomen.

Il ne faut saisir cet insecte qu'avec précaution, car si les doigts le pressent, il vous rappelle aussitôt à plus de réserve en perçant la peau avec sa trompe acérée et cause une douleur égale à celle que fait ressentir la piqûre d'une abeille, mais sans qu'il en résulte toutefois la même inflammation.

Bien que la Notonecte soit un hôte très-amusant à voir manœuvrer dans un aquarium, il faudra lui consacrer un vase particulier ou tout au moins ne lui donner pour compagnons que des êtres bien cuirassés et à l'abri de son aiguillon ; car c'est une bête

Fig. 154. — Notonecte.

dangereuse qui ne se fait nullement scrupule de dévorer les autres insectes, de saigner un têtard ou même d'asssassiner un jeune poisson. Elle plonge sous sa victime, remonte en ligne droite sans faire le moindre mouvement, la saisit de ses pattes antérieures propres à la préhension et lui plonge dans le corps son bec acéré.

Avant d'être édifié sur ses penchants meurtriers,

j'avais introduit plusieurs Notonectes dans un aquarium où se trouvaient quelques Cyprins et Vérons, craignant plus, en vérité, pour l'insecte que pour les poissons. Bientôt j'eus à constater une grande mortalité parmi ces derniers ; l'eau était limpide, les plantes florissantes, et je ne savais à quoi attribuer ces décès. Pendant que je contemplais d'un air morne ces pauvres êtres qui flottaient le ventre en l'air, je vis une Notonecte se cramponner sur la tête d'un des Vérons survivants. Celui-ci se secoua comme un beau diable et parvint à se débarrasser de son hôte incommode ; mais au bout de quelques instants, je le vis chanceler, se débattre un moment, puis enfin se renverser sur le flanc et mourir. J'observai dès lors avec soin, et plusieurs fois je vis se renouveler ces attaques suivies du même résultat. Je n'ai pas besoin de dire si j'éliminai promptement ces meurtriers.

Cette autre Punaise d'eau, un peu plus petite que la Notonecte, qui nage également sur le dos, mais dont les élytres rayées de gris et de blanc sont à plat sur le dos, est une *Corise*.

Voici deux autres Hydrocorises d'une forme bien étrange : elles ne nagent point, elles marchent seulement dans l'eau, ou bien se poussent par secousses ; aussi, pour atteindre leur proie, sont-elles pourvues de longs bras terminés en pinces et pouvant s'allonger avec prestesse et saisir comme des tenailles un insecte plus faible qui traverse les eaux à leur portée. L'une et l'autre ont le corps terminé par deux longs filets raides qui forment, en se réunissant, un tuyau creux servant à respirer l'air à la surface ; seulement l'une a le corps large et plat comme celui d'une Punaise qui a longtemps jeûné ; ses pattes antérieures, toujours ouvertes comme des pinces, et sa longue queue rappellent vaguement les formes générales du Scorpion ; aussi la nommait-on autrefois *Scorpion d'eau :* aujourd'hui, pour les naturalistes, c'est la **Nèpe cendrée.** Elle est longue de 23 à 28 millimètres sans la queue, et toute grise. L'autre est, au contraire, très-étroite, à corps presque cylindrique porté sur de longues pattes ; elle est longue de 35 à 40 millimètres, d'un gris jaunâtre ; c'est la *Ranâtre filiforme.* Elle supplée à l'agilité qui lui manque par la ruse. Fixée à une feuille ou à quelque brin d'herbe flottant, elle est là, les deux pattes antérieures levées, attendant sa proie. Ces deux espèces sont amusantes à observer et beaucoup moins dangereuses que la Notonecte.

CHAPITRE XVI.

L'ARGYRONÈTE OU ARAIGNÉE D'EAU.

L'*Argyronète* est certainement l'un des êtres les plus dignes de captiver l'attention du naturaliste ; ses mœurs et son industrie sont des plus merveilleuses. Au contraire des autres araignées, sa vie se passe au fond des eaux ; c'est là qu'elle vit, qu'elle file et qu'elle chasse. Cependant elle ne peut respirer que l'air atmosphérique ; elle n'a que des poumons comme toutes les autres araignées, et aucun organe propre à décomposer l'air atmosphérique dissous dans l'eau. Nous verrons quel moyen merveilleux elle emploie pour se procurer la provision d'air nécessaire à son existence.

L'Argyronète est une araignée de grosseur moyenne, elle a environ 12 millimètres de longueur ; ses formes et ses couleurs sont peu remarquables. Son dos est large et bombé ; son ventre convexe en dessus, concave en dessous ; ses pattes longues et minces. Sa couleur est un brun fauve uniforme, un peu plus rouge sur le dos ; tout son corps est couvert de poils veloutés. Cette espèce se rencontre dans les eaux dormantes ou peu courantes, où croissent en abon-

dance des plantes aquatiques. Non-seulement elle se
distingue de toutes les aranéides connues par la faculté remarquable qu'elle a de plonger dans l'eau,
de vivre et de se reproduire au sein de cet élément;
mais encore par cette particularité que, dans son espèce, les mâles sont plus gros et plus forts que les
femelles.

L'Argyronète aquatique a le corps couvert d'un
duvet serré qui empêche l'eau de mouiller son épi-
derme ; lorsqu'elle nage au milieu de l'eau, tout son
corps est enveloppé d'une lame d'air qui la fait ressembler à une bulle de vif-argent.

Lorsque l'Argyronète veut construire son nid, elle
vient à la surface de l'eau, présente à la surface la
partie inférieure de son ventre , replie ses pattes et,
rentrant précipitamment dans l'eau, emporte avec
elle une grosse bulle d'air qu'elle va aussitôt placer
sous quelque feuille de plante aquatique, en s'en
débarrassant à l'aide de ses pattes. Elle remonte ensuite à la surface, où elle reprend une nouvelle bulle
d'air qu'elle va joindre à la première, puis l'entoure
d'une matière soyeuse et transparente, de manière
à en former un petit ballon d'air qu'elle fixe au
moyen de quelques fils aux plantes voisines. Elle revient à la surface chercher une nouvelle provision
d'air, qu'elle ajoute à la première, et, en même
temps, agrandit sa cloche en étendant avec ses pattes

la matière soyeuse qui sort de ses filières. Elle répète ce manége jusqu'à ce que sa cloche soit terminée ; celle-ci a alors la forme et la grosseur de la moitié d'un œuf de pigeon , ayant en dessus la forme d'un dôme et tronquée inférieurement avec une fente dont les bords se rejoignent pour l'entrée de son habitant. Cette cloche est remplie d'air et sans une goutte d'eau. Qui aurait pensé, lorsqu'on a inventé la cloche à plongeur, que depuis des siècles l'araignée aquatique en fait usage ?

L'Argyronète accroche aux plantes des fils irréguliers qui aboutissent à l'orifice de sa cloche, et qui ont pour but d'arrêter les petits animaux dont elle fait sa nourriture. Quand on jette une mouche ou quelque autre insecte dans le vase qu'elle habite, elle va s'en emparer et l'entraîne dans sa cloche pour s'en repaître, ou bien elle le laisse attaché par un fil comme provision. Ces animaux sont d'ailleurs très-voraces et se dévorent même entre eux lorsqu'on en place plusieurs dans le même vase. Aussi ne construisent-ils habituellement leurs cloches qu'à une assez grande distance les unes des autres.

Mais au printemps, lorsque l'époque de la reproduction est venue, la voix de la nature fait taire celle de la prudence ; le mâle devient audacieux et s'enhardit au point de venir construire sa cloche près du nid de la femelle. Quand il l'a terminée, il en perce

Fig. 155. — Argyronète et son nid.

la paroi et construit une galerie qui conduit de sa cellule à celle de l'objet de ses désirs. Dès que cette galerie ou ce vestibule est terminé, rempli d'air comme la cloche même et appliqué contre la paroi extérieure du nid de la femelle, il perce celle-ci et s'élance vers la belle. Parfois cette dernière reçoit très-mal l'envahisseur de son domicile, qui se dérobe par une prompte fuite au châtiment sanglant qu'elle lui destine; mais le plus souvent elle accueille assez bien le galant et les noces s'accomplissent.

Peu de temps après, deux ou trois jours à peine, l'Argyronète femelle pond ses œufs, qu'elle enveloppe dans un petit cocon d'une soie fine et éclatante de blancheur, et elle le fixe dans sa loge au moyen de quelques fils. On voit ces œufs, d'un beau jaune orange, à travers le fin tissu du cocon. Au bout de quelques jours, les petites araignées aquatiques éclosent, et à peine ont-elles vu le jour, qu'elles s'agitent dans l'eau et vont s'approvisionner d'air pour se construire de petites cloches.

On donne improprement le nom d'*Araignées d'eau* à des insectes hémiptères, de la famille des Géocorises, qui courent à la surface des eaux sans y pénétrer. Ce sont des *Gerris*, insectes de forme très-allongée, dont les petites pattes longues et minces font l'office de rames. Le duvet soyeux qui couvre leur abdomen, analogue à celui des oiseaux aquatiques, leur permet de glisser sur l'eau sans se mouiller. Les Gerris sont carnassiers comme les Punaises d'eau et vivent de petites larves et d'insectes qu'ils saisissent à la course avec leurs pattes antérieures en forme de pinces. Ces insectes sont très-communs à la surface de toutes les eaux dormantes et des bassins de nos promenades.

CHAPITRE XVII.

L'IMPRÉVU.

Cousins. — Hydrachnes. — Hydres. — Rotifères.

Souvent l'aquarium offrira à l'observation des animaux qui y seront venus on ne sait trop comment, ou, pour mieux dire, qu'on y aura transportés, sans le savoir, avec les plantes aquatiques. Tels sont les Hydrachnes ou Acarus d'eau, de petits vers de diverses espèces, des Hydres, des Rotifères etc. Souvent aussi l'on observe des mouches, des cousins, qui, placés sur des feuilles de l'aquarium, y font une longue station, occupés qu'ils sont à y pondre leurs œufs. Ces hôtes imprévus ne sont pas les moins intéressants à étudier, mais ils nécessitent le plus souvent par leur petite taille l'emploi du microscope ou tout au moins d'une forte loupe.

Voici justement un Cousin qui vient de se poser sur un brin d'herbe à fleur d'eau ; observons ses mouvements : il croise d'abord ses deux longues jambes de derrière, puis dépose un à un ses œufs qui ont la forme de bouteilles ; il les fait glisser le long de ses pattes, de manière à les maintenir debout et les agglutine l'un contre l'autre jusqu'à ce qu'ils forment une masse suffisante pour voguer sans risque comme un petit radeau. Quarante-huit heures après la ponte, sortira de chaque œuf un petit ver ou larve qui vit dans l'eau et nage avec rapidité. Cette larve a la partie antérieure du corps très-renflée et rappelle un peu la forme d'un têtard. Ces larves sont plus utiles que nuisibles, car, vivant d'habitude dans les eaux croupissantes des mares et des étangs, elles se nourrissent de tous les détritus en voie de décomposition qu'elles contiennent, et préviennent ainsi, ou du moins retardent la corruption des eaux. Ces larves se changent bientôt en nymphes, qui vivent aussi dans l'eau ; et, après être restées huit à dix jours sous cet état, elles se préparent à subir leur transformation en insecte parfait. Cette dernière métamorphose, qui, d'un animal aquatique va faire un volatile, est des plus intéressantes à suivre, et l'on ne saurait trop admirer l'adresse et les prodiges d'équilibre qu'il faut à ce petit être pour sortir sain et sauf de ce pas dangereux. Observons cette nymphe qui monte à la surface de l'eau et s'y tient immobile ; sans doute elle se prépare à quitter son humide séjour. En effet, la voilà qui se gonfle, sa peau se fend sur le dos, et l'on voit apparaître le corselet vert du Cousin. Tout doucement il se dégage de son enveloppe ; son corselet, puis sa tête ornée de deux antennes en forme de panaches, se dressent hors de sa dépouille. Voici pour lui l'instant critique; il se trouve entre la vie et la mort. Cet insecte qui, il n'y a qu'un instant, vivait dans l'eau et aurait péri si on l'en avait tiré, n'a rien autant à craindre actuellement que l'eau; s'il tombe, s'il touche seulement le liquide, c'en est fait de lui. Un souffle d'air, un mouvement maladroit suffiront pour le submerger. Et voilà qu'on devient inquiet pour son sort, qu'on s'intéresse à cet insecte, qu'en toute autre occasion on écrasera sans pitié. Le cousin s'élève peu à peu par l'ouverture; il sort ses pattes et se pousse au dehors. Bientôt il est dressé comme un mât au milieu d'une nacelle que le moindre souffle fait glisser sur l'eau, et l'on a peine à comprendre comment il peut se maintenir dans cette position. Ses ailes molles et humides sont collées contre son corps, et il ne peut s'en servir. Enfin il parvient à faire sortir son abdomen du fourreau; il étend ses ailes, qui sèchent presque aussitôt, et prend sa volée. Dès lors il est notre ennemi et cherche l'occasion de se gorger de notre sang. L'appareil dont il se sert et la manière dont il fonctionne sont également curieux à observer, même au prix d'une piqûre.

Voici un Hydrachne ou Acarus d'eau, d'un beau rouge de sang (*Lymnocharis holosericea*); ses jambes sont si minces et si agiles qu'on le croirait entièrement rond; il fait continuellement le tour du bassin et semble rouler sur lui-même comme une sphère dans le ciel étoilé.

Si, à l'aide d'une loupe, vous explorez à travers les parois de glace le plafond de verdure que forment à la surface de l'aquarium les lentilles d'eau et autres plantes flottantes, vous y découvrirez fort probablement un singulier animal. C'est une sorte de tube court, gélatineux, demi-transparent, légèrement verdâtre ou grisâtre, égalant à peine la grosseur d'un petit grain de blé et terminé par huit lanières ou tentacules déliés, au milieu desquels est une ouverture, la bouche de l'animal. On dirait un petit martinet dont les lanières seraient deux fois longues comme le manche. C'est un Polype d'eau douce, une Hydre (*Hydra grisea*), l'un des êtres les plus extraordinaires de la création.

Fig. 156. — Hydres.

L'Hydre s'attache aux plantes aquatiques et aux autres corps submergés, par son extrémité inférieure, et s'y amarre solidement. Elle se balance mollement et gracieusement sur son point d'appui, allongeant et agitant ses grands bras dans tous les sens, en quête d'une proie. Ces longs bras ou tentacules sont recouverts de cils vibratiles microscopiques, toujours en mouvement, et lorsqu'une malheureuse bestiole vient à toucher l'un des membres du Polype, celui-ci, souple comme un serpent, s'enroule autour du corps de sa victime, et l'entraîne dans sa bouche, ou plutôt dans l'ouverture de son sac, qui se referme comme une bourse. Quand il a digéré, le Polype rouvre son sac et expulse le résidu de la digestion par le même orifice ; car ici la nature a économisé une ouverture. Un Polype avale quelquefois un volume d'aliments trois ou quatre fois plus considérable que son corps. Il peut entasser dans son sac jusqu'à une dizaine de pucerons, à la file les uns des autres. Son corps tubuleux est alors renflé de distance en distance comme une cosse de pois. Quand un Polype a trop mangé, il devient trop lourd et se laisse tomber au fond de l'eau. Si l'on coupe la partie postérieure d'un Polype, le fond du sac, l'animal n'en continue pas moins à manger ; au contraire, comme cela ne lui profite pas, et que, comme dans le tonneau des Danaïdes, tout ce qui entre ressort aussitôt, il devient insatiable. A cause de sa demi-transparence, le genre de nourriture qu'il prend influe sur sa coloration : les Naïs le rendent rouge, les Pucerons vert, les petits Têtards noir.

Si vous observez bien vos Hydres, vous verrez de temps en temps quelques petits bourgeons se montrer sur la surface extérieure du sac de l'animal. Ces bourgeons grossissent, se gonflent, se couronnent de mamelons de jour en jour plus saillants, et s'ouvrent enfin comme une fleur qui s'épanouit. Ces étranges fleurs ne sont autres que de petites Hydres qui se détachent du corps de leur mère, et vont, après avoir vagué quelque temps, se fixer à quelque plante pour y vivre d'une vie indépendante. On voit se produire parfois un fait très-curieux : pendant que le jeune Polype est encore adhérent au corps de sa mère, un autre petit se développe sur son propre individu, et quelquefois même un quatrième bourgeonne sur ce dernier, de sorte que, comme le dit Bonnet, la mère porte à la fois son fils, son petit-fils et son arrière-petit-fils, et forme ainsi une sorte d'arbre généalogique vivant.

Notre Hydre est un animal bien plus extraordinaire que l'Hydre de la fable, dont triompha Hercule, tant il est vrai que le merveilleux de la vérité l'emporte toujours sur le merveilleux de la fable. En effet, il repoussait bien des têtes à l'Hydre de Lerne, quand on les coupait, mais chaque tête coupée ne devenait pas une Hydre. Or c'est ce qui arrive chez la nôtre. Si vous coupez les bras d'un Polype, chaque bras constitue bientôt un Polype entier, et le mutilé n'en est pas plus pauvre pour cela, car il lui repousse des bras neufs. Bien plus, coupez, divisez notre Hydre en huit ou dix morceaux, en vingt, en cent, et chaque parcelle reproduira, au bout d'un certain temps, un individu complet.

Autre singularité. On peut retourner un Polype comme un doigt de gant; l'animal n'en paraît nullement gêné; seulement il vit à l'envers, respirant par les parois de son estomac et digérant par sa peau extérieure. Je n'oserais pas affirmer cependant que cette position soit agréable au Polype, car il fait des efforts pour se remettre à l'endroit, et il y parvient quelquefois. Lorsqu'on retourne ainsi un Polype qui porte des petits à la surface du corps, ceux-ci se trouvent naturellement enfermés dans l'estomac, ils continuent à se développer et à grandir dans le sac et sortent ensuite par la bouche de leur mère. Lorsqu'ils sont peu avancés et commencent à bourgeonner, les petits se retournent d'eux-mêmes et surgissent à l'extérieur du corps de leur mère, où ils continuent à pousser. N'est-ce pas là une des choses les plus curieuses parmi les curiosités de la nature? Et si, poussant plus loin l'observation, on étudie l'organisation de ces êtres singuliers, on voit qu'ils n'ont ni cœur, ni poumon, ni intestin, ni tête, ni cerveau, partant, ni vue, ni goût, ni odorat; leurs tentacules leur servent de bras, de pieds, de lèvres et de tous les organes des sens. Et cependant ils guettent leur proie, la saisissent et la dévorent; jamais ils ne se trompent sur sa nature et sur sa taille, et rarement ils manquent leur coup. Ils sont sensibles à la lumière et au bruit, savent éviter leurs ennemis et se mettre à l'abri du danger qui les menace. Comment peuvent-ils accomplir tous ces actes?

La loupe nous fera encore découvrir de petits animaux à corps ovoïde, semi-transparent, teinté de jaune ou de rose, et qui paraît renfermé dans un petit fourreau solide. On dirait un crustacé microscopique, dont la longueur peut aller à 1 millimètre. Ils sont munis, à la partie antérieure du corps, de deux lobes ciliés, doués d'un mouvement très-rapide, qui leur donne l'apparence des roues d'un bateau à vapeur. Ils nagent dans le liquide au moyen du mouvement des cils vibratiles, qui détermine en même temps un double tourbillon amenant à leur bouche les particules nutritives.

Les Rotifères, c'est leur nom, ont un cœur toujours en action; on le voit, à travers la carapace, se contracter et se dilater alternativement. Il y a donc chez eux une circulation et ils occupent, par conséquent, un certain rang dans l'échelle animale, puisqu'une foule d'animaux en sont dépourvus. La plupart n'ont, comme les Cyclopes de la fable, qu'un seul œil situé au milieu du front (*Brachions*). Quelques espèces, mieux douées, en possèdent deux, et même trois ou quatre. Les Rotifères sont ovipares; ils portent leurs œufs suspendus à l'origine de la queue, comme la plupart des Crustacés.

Le Rotifère commun (*Rotifer redivivus*) offre un phénomène biologique des plus extraordinaires. Après avoir été desséché, aplati, et être resté un an et

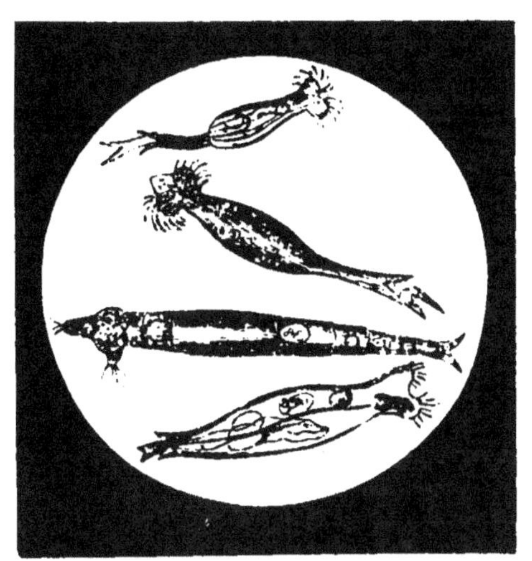

Fig. 157.
Différentes espèces de Rotifères.

plus dans un état complet de léthargie ou de mort apparente, il revient à la vie; il suffit de le mouiller pour le ressusciter. Spallanzani, le premier, a fait la découverte de cette merveilleuse faculté, niée par beaucoup de naturalistes; mais des expériences postérieures ont confirmé les résultats obtenus par le savant abbé italien. Rien n'est plus vrai. Au contact de l'eau, le petit animal, contracté et desséché en un petit globule dur et demi-transparent comme de la gomme, se gonfle et reprend sa forme; sa queue commence à remuer, l'animal s'étire comme s'il sortait d'un profond sommeil, il agite enfin les cils de ses lobes et se met à nager. Mais pour réussir dans les opérations d'engourdissement et de réveil, il faut dessécher les Rotifères graduellement, très-lentement, ne pas trop les comprimer, ne pas les exposer trop brusquement à une température très-élevée, et les ranimer avec lenteur et précaution. C'est pour avoir négligé ces soins que plusieurs expérimentateurs n'ont pas obtenu les mêmes résultats.

Pour bien observer les Rotifères, il faut les transporter sur le porte-objet du microscope, la loupe ordinaire ne suffisant plus. La terre humide des jardins, et surtout celle qui est couverte de mousse, contient beaucoup de ces petits animaux. Mais c'est surtout dans la mousse des toits exposés alternativement à l'humidité des pluies et à l'action desséchante du soleil qu'on les trouvera en plus grand nombre.

Est-ce à dire que les Rotifères ressuscitent une fois morts? Non sans doute; on ne rappelle à la vie que ceux plongés en léthargie, c'est-à-dire qui conservent en eux-mêmes un reste de vie à l'état latent. Un fait digne de remarque, c'est que l'expérience ne réussit que sur les Rotifères desséchés dans la mousse ou la poussière, et jamais sur ceux pris dans l'eau et desséchés sur une glace; c'est du moins ce qui m'a paru résulter de mes propres expériences. Cela provient sans doute de ce que, à l'abri de la mousse ou de la poussière, ces petits êtres conservent un degré d'humidité suffisant pour empêcher la dessiccation complète de leurs organes internes, bien qu'elle paraisse absolue à l'extérieur.

LIVRE II.

—

L'AQUARIUM D'EAU DE MER.

CHAPITRE PREMIER.

L'AQUARIUM MARIN.

En quoi il diffère de l'aquarium d'eau douce.

Dans la première partie de ce livre, consacrée à l'aquarium d'eau douce, nous avons exposé les conditions nécessaires à son établissement et à son entretien ; nous nous occuperons dans cette seconde partie de l'aquarium marin et des moyens d'y conserver les plantes et les animaux qui vivent dans l'eau salée. Ceux-ci offrent au naturaliste une plus grande variété de formes et d'organisation que les animaux d'eau douce ; mais ils sont aussi bien plus difficiles à maintenir en état de santé.

Jusqu'à ces dernières années, les personnes qui, vivant loin de la mer, voulaient se donner le plaisir d'en étudier les populations, étaient obligées de transporter leur tente sur les côtes et de faire de longs et coûteux voyages. Là, pouvant renouveler l'eau tous les jours, rien n'est plus facile que de conserver les animaux vivants ; mais on comprend combien ce moyen est peu pratique, surtout pour des observations suivies.

Longtemps on a douté de la possibilité de conserver les animaux marins sans renouveler l'eau de l'aquarium presque quotidiennement ; mais des expériences patientes et intelligentes ont prouvé que beaucoup d'animaux, et des plus curieux, y peuvent vivre fort à l'aise sans changer l'eau, même dans des vases de petite dimension.

Dès 1838, le professeur Dujardin rapportait à Paris de nombreux flacons contenant des animaux vivants dans l'eau de mer, et il entretenait la pureté de cette eau en plaçant quelques plantes marines dans chaque flacon. L'oxygène produit par ces plantes suffisait pour conserver la vie des animaux pendant un temps plus ou moins long. Ces essais, continués depuis, surtout en Angleterre, sur une plus grande échelle, furent couronnés de succès, et, depuis lors, grâce aux soins de MM. Warington, Gosse, Lloyd etc., les aquariums marins se sont multipliés, et chacun a pu admirer les grands et beaux établissements des jardins zoologiques de Londres et de Paris, construits par MM. Mitchel et Lloyd.

Ces aquariums ne diffèrent toutefois que par les dimensions des bassins d'appartement. Le principe est le même : établir une juste pondération entre la vie animale et la vie végétale. Les plantes marines purifient l'eau de mer absolument comme celles d'eau douce le font dans leur milieu. Les difficultés sont cependant plus grandes pour maintenir la balance entre les plantes et les animaux de mer qu'entre ceux d'eau douce. Cela provient de la vie généralement plus indolente des espèces marines, de la plus grande quantité de matière désorganisée qu'ils déposent, et surtout de la difficulté que l'on éprouve à les placer dans des conditions identiques à celles dans lesquelles ils se trouvent à l'état naturel.

On comprend, en effet, combien les phénomènes dont la vaste étendue des mers est le théâtre doivent différer de ce qui se passe dans un bassin contenant quelques dizaines ou même quelques centaines de litres d'eau.

Bien que les aquariums d'eau de mer soient construits de la même façon que les aquariums d'eau douce, et que toutes les formes employées pour celui-ci puissent s'appliquer également à celui-là, cependant les conditions de la vie marine sont un peu différentes. Le plus grand nombre des animaux d'eau douce sont doués d'une grande puissance de locomotion; ils nagent au sein des eaux, peuvent se transporter à leur gré d'un point à un autre de leur bassin, et l'on peut facilement suivre de l'œil tous leurs mouvements. Il n'en est pas de même de la plupart des animaux marins, qui sont des êtres sédentaires et qui, comme les Actinies, les Serpules, les Astéries, les Oursins, les Mollusques, restent fixés sur les rochers ou cheminent lentement sur le fond.

C'est donc ici le fond du bassin qui offre le principal intérêt, et la disposition doit en être telle que le regard puisse l'embrasser d'un seul coup d'œil sans être obligé de regarder en dessus. La forme et les dimensions du vase prennent donc ici plus d'importance.

Un réservoir d'eau douce peut être profond sans inconvénient, parce que les moyens d'y développer l'oxygène sont plus faciles et plus abondants, et qu'il peut supporter une plus vive lumière. Un bassin destiné à contenir de l'eau de mer doit, au contraire, avoir peu de profondeur proportionnellement à sa surface. Si, en effet, nous observons ce qui a lieu dans la nature, nous verrons que la plupart des animaux marins que nous conservons dans nos aquariums, les Actinies et les Mollusques par exemple, vivent dans une eau peu profonde et dont la vaste surface, en contact avec l'atmosphère, absorbe une riche provision d'air que le mouvement continu des vagues fait pénétrer à une certaine profondeur. En outre, l'abondante végétation des bas-fonds et la profusion d'infusoires qui les habitent, complètent l'oxygénation de l'eau. Les vases larges et peu profonds se rapprocheront donc plus que les autres des conditions naturelles, et seront, par conséquent, mieux appropriés aux besoins des animaux marins.

Ainsi, tandis que les aquariums rectangulaires faits de glaces et présentant une profondeur égale à la moitié environ de leur largeur, tels qu'on les emploie généralement pour les animaux d'eau douce, offriront pour ceux-ci d'excellentes conditions, ils seront, au contraire, de fort mauvais bassins pour les animaux marins.

Entre autres inconvénients, les vases de verre ont celui d'admettre une trop grande quantité de lumière et de s'échauffer trop facilement, ce qui, pour beaucoup de plantes et d'animaux marins, est une cause de dépérissement. Ceux-ci vivant en effet dans une eau plus dense et constamment agitée, la lumière y pénètre moins facilement.

M. Lloyd, qui a le plus étudié, peut-être, la question de l'aquarium marin, et qui a élevé des milliers de ces animaux en parfait état de santé, est arrivé, par l'expérience, à adopter pour leur conservation des auges carrées peu profondes, et dont la largeur, au moins cinq ou six fois plus grande que la profonfondeur, donne au bassin une surface considérable qui absorbe constamment l'air atmosphérique. — Ces bassins sont faits de plaques d'ardoise pour le fond et trois côtés ; la face seule est de glace. Cette forme offre en outre l'avantage de ne donner accès à

la lumière que par en haut, condition dans laquelle
se trouvent les animaux dans leur milieu naturel.
Le fond et les côtés, formés d'une substance opaque
et mauvaise conductrice de la chaleur, s'opposent
bien plus que le verre à l'échauffement de l'eau,
cause la plus habituelle de la mort des habitants.
Tout au plus peut-on reprocher à ces bassins à large
surface une trop rapide évaporation ; mais on peut y
remédier facilement, en ajoutant de temps en temps
un peu d'eau pure, qu'on dose au moyen de l'hydromètre, comme nous l'indiquerons plus loin.

Une excellente disposition, qui permet de donner
à ces bassins plus de profondeur, est l'inclinaison
du fond sur un angle de 30 à 35 degrés d'arrière en
avant. Elle nous offre l'avantage de pouvoir y disposer
les uns au-dessus des autres des fragments de roche
couverts de plantes marines, sans avoir besoin de
les assembler avec un ciment, ce qui est toujours
un danger. On y place également quelques vieilles
coquilles d'huître couvertes de Serpules ou des Madrépores, et l'on embrasse ainsi d'un seul coup
d'œil, à travers la glace antérieure, les différents
plans du fond étagés les uns au-dessus des autres,
sans rien perdre de ce qui s'y trouve. Cette disposition permet en outre d'arranger et de changer le
fond plus facilement que dans aucune autre sorte
d'aquarium, et d'insérer entre les rocailles des

touffes d'algues avec la plus grande facilité et sans le moindre dérangement. Un autre avantage qu'offre ce genre de bassin est la solidité ; il dure bien plus longtemps sans perdre l'eau que les caisses de glaces, quelque bien lutées que soient celles-ci. On a reproché à cette sorte d'aquarium son peu d'élégance ; mais c'est là, suivant nous, une qualité secondaire et largement compensée par le bien-être des animaux qu'on y conserve et par l'admirable

Fig. 159. — Aquarium rectangulaire.

scène que présente au regard ce fond s'élevant en amphithéâtre, lorsqu'il est bien garni d'animaux et de plantes. Mieux vaut, après tout, une maison commode et saine qu'un palais somptueux et malsain.

Si l'on possédait un de ces aquariums rectangulaires en verre, le mieux serait d'en recouvrir le fond et les côtés avec des feuilles de carton qui intercepteront la lumière et pourront être facilement

Fig. 160. — Aquarium du Jardin d'ac

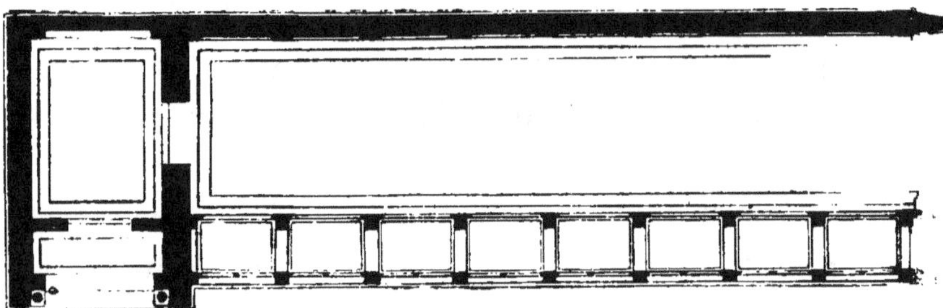

Fig. 161. — Aquarium. Plan. Échelle

Façade. Échelle de 0^m,004 p. m.

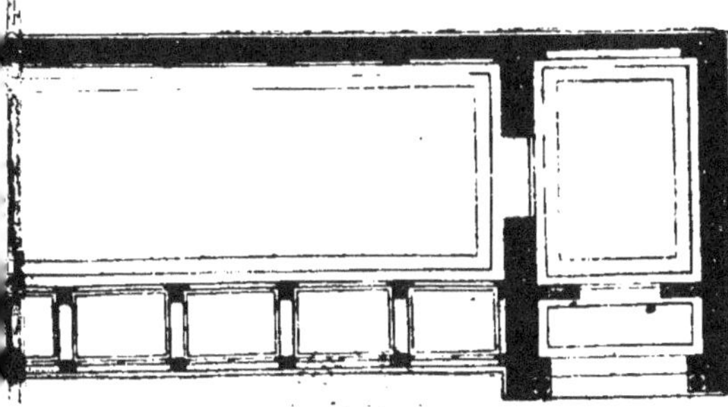

p. m.

Fig. 162. — Aquarium. Coupe.
Échelle de 0^m,004 p. m.

enlevés lorsqu'il sera nécessaire d'observer ces points du vase. La face seule restera découverte et tournée du côté opposé à la fenêtre de manière à ce que la lumière éclaire le bassin par en haut.

N'oublions pas que l'aération de l'eau est la première condition à remplir dans tout aquarium. Si l'on peut établir un courant constant dans le liquide, on se rapprochera ainsi du mouvement perpétuel des eaux de la mer, et l'aération sera parfaite.

C'est sur ces principes qu'est construit le vaste aquarium du Jardin d'acclimatation du bois de Boulogne, construit sous la direction de MM. Lloyd et Mitchel. (Pages 216 et 217.)

C'est un bâtiment carré long, solidement construit en pierre, de 40 mètres de long sur 10 mètres de large, offrant une rangée de quatorze réservoirs en ardoise d'Angers, alignés du côté du nord. Ces réservoirs, à peu près cubiques, offrent des devants de forte glace de Saint-Gobain qui permettent de voir l'intérieur. Ils sont éclairés par le haut. Il en résulte un demi-jour verdâtre, uniforme, mystérieux, qui donne une idée exacte des faibles clartés sous-marines. Chaque réservoir contient environ 900 litres d'eau ; il est garni de rochers disposés sur le fond en amphithéâtre d'une manière pittoresque, et sur ces rochers s'étalent ou s'élèvent diverses espèces de plantes aquatiques. Sous ces plantes et dans les anfractuosités des roches, ou même dans le sable qui garnit le fond, certains animaux trouvent des retraites suffisantes. Dix de ces réservoirs sont destinés aux animaux marins ; les quatre autres sont remplis d'eau douce.

Cette eau n'est jamais changée, mais elle est sans cesse en mouvement, elle circule. Ce mouvement est produit de la manière suivante : on profite d'un courant d'eau amené par le grand tuyau de la concession qui alimente le bois de Boulogne. Cette eau, soumise à une forte pression, comprime une certaine masse d'air. Cet air, dès qu'on lui permet d'agir sur une partie de l'eau de mer contenue dans un cylindre fermé qui se trouve au-dessous du niveau de l'aquarium, la fait monter et entrer avec une grande force dans chaque réservoir, où elle s'introduit par un petit jet. L'eau de mer pressée absorbe beaucoup d'air qu'elle entraîne avec elle dans les réservoirs. Un tuyau placé dans un coin de ces derniers reçoit le trop plein du liquide et le conduit dans un filtre de charbon très-serré, d'où il passe dans un grand réservoir souterrain de fonte doublé de gutta-percha. De là l'eau revient au cylindre fermé, y subit encore la pression de l'air et remonte de nouveau dans l'aquarium. Les cylindres étant sous terre, on y maintient facilement une température égale de 16 degrés environ, ce qui est à peu près la température uniforme de l'eau dans l'Océan. Pendant l'hiver, le bâtiment est chauffé. Dans cette circulation et cette agitation de l'eau, sa masse tend à diminuer par l'évaporation, et le liquide finirait par devenir trop dense si on ne remédiait à cet inconvénient en y ajoutant de l'eau pure. A l'aide d'un appareil spécial, on fait entrer de temps en temps dans le grand réservoir une certaine quantité d'eau pluviale qui vient du bâtiment. Un hydromètre indique le moment où cette addition d'eau douce est devenue nécessaire.

Il n'est pas donné à tout le monde d'avoir de grands et coûteux appareils comme ceux que nous venons de décrire; mais le principe est le même, quelle que soit la grandeur du bassin.

Quant à la forme, à la matière, à l'ornementation, aux rocailles etc., tout ce que nous avons dit pour l'aquarium d'eau douce est applicable à celui d'eau de mer. Nous insisterons seulement davantage ici sur la recommandation du lavage prolongé, toutes les fois qu'on aura employé comme lut des matières ou des ciments contenant des sels solubles, l'eau de mer ayant des propriétés bien plus corrodantes que l'eau douce.

Nous le répétons d'ailleurs, pour celui qui ne fait pas de l'aquarium un jouet ou un objet de luxe, mais qui l'adopte comme sujet d'étude et d'expé-

riences, tout vase remplissant les conditions énon-
cées plus haut, et dont la matière est inoffensive,
peut constituer un aquarium. De larges terrines en
terre ou en porcelaine, des bassines larges et peu
profondes, seront d'excellents récipients pour conserver des animaux marins tels que les Actinies, les
Mollusques, les Astéries et une foule d'autres qui
vivent sous une mince couche d'eau et restent même
à sec pendant un certain temps, deux fois dans
vingt-quatre heures, au moment des marées basses.

CHAPITRE II.

L'EAU DE MER.

Eau de mer naturelle et factice.

Pour celui qui est installé au bord de la mer, tout est possible; il a l'eau sous la main en abondance, et les pertes sont vite réparées. Il peut d'ailleurs ne garder avec lui les espèces difficiles que le temps nécessaire pour les étudier, puis les rendre à leur élément naturel. Mais il n'en est plus de même pour celui qui habite à plusieurs heures des côtes. Si la distance n'est pas trop grande, on peut se faire envoyer l'eau de mer, ce qui vaut toujours mieux; mais les personnes qui, en raison de leur éloignement, n'ont pas cette ressource, n'ont guère d'autre moyen d'y suppléer que d'en fabriquer d'artificielle.

Dans le premier cas, l'eau doit être prise autant que possible au large, ou tout au moins à quelque distance du rivage, et surtout sur un point éloigné de l'embouchure d'un fleuve ou d'une source d'eau douce. La pureté de cette eau est très-importante pour l'aquarium, et le récipient dans lequel on la recueille n'est pas indifférent. Tout tonneau ayant contenu du vin, de l'alcool ou des substances chimiques, est impropre à cet usage, et sera nuisible, souvent même après de fréquents lavages. Le meilleur vaisseau, si l'on n'a pas besoin d'une grande quantité d'eau, est un vase en terre.

Quelques néophytes ont tenté de conserver des animaux marins dans une simple dissolution de gros sel, et se sont étonnés d'y voir périr promptement leurs captifs. Rien n'est cependant plus compréhensible. Le sel seul ne produit pas de l'eau de mer. Ceux qui, en se livrant au plaisir de la natation en mer, ont avalé quelques gouttes de cette eau, ont dû s'apercevoir que non-seulement elle est salée, mais qu'elle possède aussi une saveur amère et nauséabonde. L'eau de mer contient, en effet, outre le sel commun ou chlorure de sodium, plusieurs autres substances en proportions diverses. Lorsqu'on retire le sel commun de l'eau de mer, les sels plus solubles, tels que le chlorure de magnésium et le sulfate de magnésie, restent dans le liquide, parce que le chlorure de sodium cristallise plus rapidement.

Voici quelle est la composition de 1 litre ou 1000 parties d'eau de mer :

Eau distilllée	966,00
Chlorure de sodium	26,25
Chlorure de magnésium . . .	3,55
Sulfate de magnésie	2,20

Chlorure de potassium   0,70
Carbonate de chaux   0,05
Sulfate de chaux   1,25
                                  ―――――――
                                    1000,00

Le mélange de tous ces sels dissous dans l'eau distillée, ou simplement dans l'eau douce, doit donner, pour 1 litre, le poids spécifique de $1^{kil},027$, l'eau de mer pesant plus que l'eau douce, dont le poids est de 1000 grammes ou 1 kilogramme par litre. Dans la pratique, cette formule peut être simplifiée : ainsi l'on peut négliger sans inconvénient le carbonate de chaux, qui est fourni en quantité suffisante par les débris de coquilles mêlés au sable du fond, et il en est de même du sulfate de chaux et du chlorure de potassium, qui ne se trouvent dans l'eau de mer qu'en très-petite quantité.

La formule suivante, que j'ai empruntée au naturaliste anglais M. H. Gosse, m'a parfaitement réussi :

Gros sel commun   100,00
Sel d'Epsom (sulfate de magnésie). .   8,80
Chlorure de magnésium   14,30
Chlorure de potassium   3,00

mélangés dans 4 litres d'eau de rivière filtrée avec soin.

Lorsque les divers sels sont prêts et dans la proportion voulue, on les mêle à la quantité d'eau exactement nécessaire, dans une terrine ou un vase bien lavé, où on les laisse se dissoudre et reposer deux ou trois jours. Les faire dissoudre directement dans l'aquarium est un mauvais procédé; car ces sels, achetés chez les marchands de produits chimiques, ne sont pas absolument purs; l'on remarque souvent, au bout de quelques jours, un dépôt pulvérulent assez semblable à de la rouille, et ces matières, si elles ne sont pas nuisibles, troublent la limpidité de l'eau au moindre mouvement. Lorsque les sels ont été remués à deux ou trois reprises pour les bien dissoudre, on essaie la densité de l'eau au moyen de l'hydromètre; elle doit être, comme nous l'avons dit, de 1027. Puis on filtre le mélange dans l'aquarium préparé d'avance, c'est-à-dire garni de son fond de sable ou de cailloux et des rocailles qui doivent l'orner.

Un large entonnoir de verre avec un morceau d'éponge bien propre, légèrement pressé dans le fond, est le meilleur filtre; mais à défaut de celui-ci, on peut prendre simplement un pot à fleurs bien nettoyé, dans le trou duquel on presse un bout d'éponge, et l'on remplit le fond d'une couche de charbon pilé. On peut suspendre le vase au-dessus de l'aquarium ou le maintenir sur deux bâtons et le remplir de temps en temps, jusqu'à ce que toute l'eau soit passée. On introduit alors quelques plantes bien portantes, telles que l'Ulve verte ou Laitue de mer, l'Entéromorphe, la Chondrille et surtout quelques pierres moussues, et on laisse le tout reposer et sans y toucher, et exposé à une lumière modérée pendant huit ou dix jours, au bout desquels on peut y introduire quelques animaux choisis parmi les plus robustes, tels que l'Actinie rousse (*Mesembryanthemum*), l'Anthea cereus, les Trochus communs et les petits Crabes verts.

Bien que l'on néglige dans la composition artificielle de l'eau de mer l'introduction de quelques substances qui y sont en très-petite quantité, on les y retrouve au bout d'un certain temps par l'analyse. D'où viennent-elles? Des végétaux sans doute. Ce qui est positif, c'est que, à mesure que l'eau vieillit dans l'aquarium, comme le vieux vin, elle gagne en qualité, et, au bout de quelques mois, elle maintiendra en santé des êtres qui eussent infailliblement péri en un jour dans la même eau récemment préparée.

L'eau de mer perd naturellement par l'évaporation une partie de son eau pure ; par conséquent, la proportion des sels y devient plus considérable et par suite le liquide plus lourd, ce dont on peut s'assurer facilement en y plongeant l'hydromètre ; il faut alors la ramener à la densité voulue en y ajoutant un peu d'eau pure, jusqu'à ce que le pèse-liqueur donne le degré de l'eau de mer naturelle, c'est-à-dire 1027.

CHAPITRE III.

LUMIÈRE ET CHALEUR.

Leur influence sur l'aquarium.

L'aquarium marin est plus sensible que celui d'eau douce aux influences atmosphériques ; on doit donc y modérer la lumière et la chaleur avec encore plus de soin. Les animaux marins, au moins les espèces littorales dont nous peuplons nos aquariums, vivent la plupart à une petite profondeur, mais sous une eau plus dense et toujours agitée, à travers laquelle la lumière pénètre plus difficilement. Le plus grand nombre vivent cachés dans des trous, sous des pierres ou au milieu des touffes d'Algues, et même ceux qui affrontent le grand jour aiment à trouver à leur portée des retraites obscures où ils puissent se cacher en cas d'alarme.

Les vases de verre n'offrent pas ces avantages, et, par suite, les habitants y sont mal à l'aise et y meurent promptement faute de repos. Ajoutez à cela que, pour les mieux voir dans tous leurs détails, on les place généralement en plein jour, juste au milieu d'une fenêtre, de sorte que non-seulement les pauvres animaux sont aveuglés par cette vive lumière à laquelle ils ne sont pas accoutumés, mais encore ils étouffent et meurent asphyxiés dans une eau échauffée par les rayons du soleil.

Dans de semblables conditions, l'aquarium le plus prospère deviendra bientôt un triste cimetière. On verra les Actinies replier leurs tentacules, les Serpules se renfermer dans leurs tubes; les Céramies, au lieu de dresser leurs jolies touffes de soie rouge, se roulent et pendent tristement sur le rocher comme un écheveau de fil enmêlé.

La trop vive lumière est encore nuisible à un autre point de vue, principalement dans l'aquarium marin. Les Algues ont une bien plus grande puissance de reproduction que les plantes d'eau douce; lorsqu'elles sont mûres, elles projettent autour d'elles des nuages de spores ou semences qui s'attachent aux parois du vase et se développent sous l'influence de la lumière avec une rapidité telle que, en quelques semaines, les roches et les glaces en sont complétement couvertes. En fort peu de temps, l'eau devient opaque et tellement troublée par les spores qu'elle prend l'aspect d'une purée de pois.

Lorsque cette végétation microscopique ne fait que recouvrir les parois du bassin, lorsque surtout elle obscurcit la glace et empêche le regard de pénétrer à l'intérieur, on peut l'enlever au moyen d'un petit tampon de linge ou d'une éponge attachée au bout d'un bâton. Si l'on veut s'éviter ce travail ennuyeux et jouir en même temps d'un curieux spectacle, il suffira, comme pour l'aquarium d'eau douce, d'introduire dans le bassin quelques mollusques, agents naturels de la salubrité, qui s'acquitteront de cette besogne et faucheront complétement la prairie sous-marine. Les Toupies et les Sabots, dont nous parlerons plus loin, rempliront ces fonctions importantes avec autant de régularité et d'assiduité que s'ils étaient payés pour cela ; c'est qu'en effet ils sont récompensés de leur travail par les repas délicieux que leur procure cette tendre et succulente végétation.

Lorsque le développement des matières végétales est arrivé à ce point de troubler la transparence de l'eau, il faut aussitôt y porter remède. Si l'on a de l'eau de mer en réserve, on y place aussitôt les animaux que l'on retire de l'aquarium ; sinon, on transvase au moyen d'un siphon la partie la plus claire de l'eau du bassin, que l'on filtre aussitôt pour y déposer les animaux ; puis l'on place l'aquarium avec le reste de l'eau dans un lieu obscur, cabinet noir ou autre. Au bout de quelques jours, la matière végétale aura disparu ou se sera déposée au fond. On décantera alors doucement cette eau, qui, après avoir subi un filtrage au charbon, sera aussi claire et aussi saine que possible.

Il faut donc éviter de placer l'aquarium marin en

pleine lumière et surtout au midi; si toutefois l'on n'a pas le choix d'une autre exposition, on devra y remédier par l'interposition d'un store qui intercepte les rayons solaires. L'insolation, aussi bien que l'obscurité absolue, c'est la mort. Une lumière adoucie et tombant sur la surface de l'eau est ce qu'il faut, comme se rapprochant le plus de ce qui a lieu dans la nature.

Quant à la chaleur, elle est plus funeste encore que l'excès de lumière. La température de la mer varie, suivant les saisons, entre 7 et 18 degrés; on peut donc la laisser descendre à 7 degrés en hiver, et la laisser monter à 15 ou 16 degrés en été. Au delà de ce point le danger commence; à 20 degrés il devient imminent pour le plus grand nombre; 25 à 26 degrés mettront probablement fin à l'existence de la population entière.

Il sera prudent, pendant la saison chaude, de maintenir dans un coin de l'aquarium un petit thermomètre, au moyen duquel on puisse continuellement surveiller la température de l'eau. Dès que celle-ci dépassera 16 degrés, on l'abaissera, soit en y jetant quelques petits fragments de glace, qui ne pourront guère influer sur la densité de l'eau, soit en entourant le vase de linges mouillés que l'on aura soin d'entretenir humides.

Quelle que soit d'ailleurs la forme ou la matière

du bassin employé, il faut se pénétrer de ces principes : que plus la masse d'eau sera grande, plus elle résistera aux effets de la chaleur en été et du froid en hiver, plus sa température se conservera égale, plus les animaux s'y porteront bien et plus leur nombre pourra être grand. Et il s'ensuit naturellement que plus il sera petit, plus l'aquarium exigera de soins pour maintenir une température et une aération régulières. Les chances de succès dépendent aussi de la plus grande proportion de surface d'eau exposée au contact de l'atmosphère. Dans les bassins larges et peu profonds, l'air pénètre mieux et vivifie l'eau sans qu'il soit presque besoin de l'aide des plantes; néanmoins, dans tous les cas, la présence de celles-ci est toujours utile par l'oxygène qu'elles dégagent, et elles ajoutent en outre à la beauté de la scène.

CHAPITRE IV.

VÉGÉTATION MARINE.

Instructions générales.

Les animaux qui habitent dans l'eau salée ont besoin, pour respirer, d'une eau bien aérée, tout comme les animaux d'eau douce, et plus encore. Nous avons vu parmi ces derniers une foule d'espèces qui, bien que passant leur vie dans l'eau, respirent l'air en nature. Ici c'est le contraire : très-peu d'espèces sont amphibies; à très-peu d'exceptions près, tous respirent par des branchies ; aussi ont-ils besoin d'une eau richement oxygénée. Nous savons que c'est aux plantes qu'est dévolu le rôle de fournisseur d'oxygène. Il est donc également nécessaire de préparer l'eau de mer en y faisant végéter quelques plantes avant d'y introduire les animaux; mais toutes les Algues ou plantes marines ne sont pas propres à remplir ce but.

Beaucoup d'entre elles sont très-remarquables, soit par la singularité ou l'élégance de leurs formes, soit par la beauté de leurs couleurs ; mais le plus grand nombre ne peuvent être introduites dans l'aquarium, soit à cause de leur grande taille, soit parce que, n'y trouvant pas les conditions nécessaires à leur existence, elles y meurent rapidement. Elles deviennent alors nuisibles, troublent l'eau, la rendent visqueuse, et y dégagent une odeur infecte difficile à déterminer, mais qu'on n'oublie pas lorsqu'une fois on l'a sentie. Il faut donc résister à la tentation et n'accorder droit de cité qu'à un petit nombre d'Algues privilégiées dont nous donnerons plus loin une description sommaire. Encore faut-il les surveiller de près et les retirer dès qu'on les voit s'amollir, pâlir ou se couvrir de taches jaunes.

Comme indication générale, nous recommanderons de ne recueillir d'abord que les Algues dont la couleur est d'un beau vert gai ; ce sont celles qui croissent le plus près du rivage, dans une eau peu profonde ; celles par conséquent qui sont le plus à notre portée, et, par une heureuse coïncidence, les meilleures productrices d'oxygène ; telles sont : l'Ulve verte ou Laitue de mer, dont les belles feuilles plissées en éventail ondulent au sein de l'eau ; les Entéromorphes et les Conferves qui couvrent de leurs touffes soyeuses les roches immergées et les pierres des flaques d'eau peu profondes. Toutes ces plantes doivent être enlevées avec le morceau de roche auquel elles adhèrent ; sinon, elles ne seront d'aucune utilité pour l'aquarium et périront presque aussitôt. Ces Algues n'ont pas de véritables racines, et une fois détachées de leur support, elles ne reprennent plus.

Après les Algues vertes viennent celles d'un rouge vif ; elles sont d'une utilité beaucoup moindre pour l'aquarium, car elles donnent peu d'oxygène et se décomposent facilement, surtout sous l'action d'une vive lumière ; mais elles sont en général si séduisantes qu'on résiste difficilement au désir d'en orner l'aquarium. Les plus robustes sont les Chondrus, Polysiphonia, Plocamium et les Corallines ; de ces dernières, il ne faut choisir que celles d'une belle couleur rose ou pourpre ; lorsqu'elles sont blanches, c'est-à-dire encroûtées, c'est un signe de vieillesse, et elles ne seront pas longues à périr.

Quant aux Algues de couleur brune ou olive, telles que les Fucus, les Laminaires etc., elles ne se comportent pas bien. Les paquets d'Algues détachés des rocs et jetés sur la plage ne sont d'aucune utilité comme plantes d'aquarium ; mais on fera bien de les visiter : on y trouvera souvent cachés une foule d'animaux curieux.

Pour suppléer d'ailleurs aux plantes ornementales, lorsque celles-ci font défaut, l'eau de mer fait développer sous l'influence de la lumière une plus grande quantité de plantes microscopiques : Vaucheria, Conferva, Oscillatoria, qui fabriquent sans relâche l'oxygène nécessaire à la consommation animale. Cette végétation se développera même souvent au point de couvrir d'une patine brune ou olivâtre toutes les roches, les coquilles et les glaces, ou même d'envahir l'eau au point de la transformer en une véritable soupe aux herbes. Le point essentiel est donc de régler le développement de cette végétation, c'est-à dire de ménager habilement le degré de lumière nécessaire. Pour obtenir cette végétation luxuriante, il n'est besoin que de recueillir au bord de la mer une ou deux pierres moussues; choisissez les brunes ou mieux les vertes, et en peu de temps vous serez obligé de travailler à en arrêter les progrès.

Les petits mollusques gastéropodes, Sabots et Toupies, se chargeront de ce soin; il faut cependant limiter le nombre de ces animaux de façon qu'ils ne puissent la faire disparaître complétement.

L'eau de mer, avons-nous dit, devient d'autant plus propre à l'existence des êtres marins qu'elle est plus ancienne; il ne faut donc y introduire les habitants que progressivement et suivant leur degré de robusticité. D'abord les plantes, puis, seulement lorsque la végétation microscopique s'y sera développée, quelques-uns des animaux les plus vivaces. Il est d'ailleurs prudent d'être modéré dans ses désirs, et de n'augmenter que peu à peu le nombre des habitants. Une demi-douzaine d'Actinies, autant de mollusques et quelques petits crustacés formeront une population suffisante pour une vingtaine de litres d'eau. Au bout de quelques semaines, lorsque la végétation et les infusoires s'y seront bien développés, on pourra introduire dans l'aquarium quelques espèces plus rares.

Pour nous résumer en quelques mots : le point important, après avoir rempli l'aquarium d'eau de mer bien claire et dégagée de matières animales, est d'y introduire de petits fragments de roches, sur lesquels on aura conservé avec soin les herbes marines qui y sont attachées. Il faut éviter toutefois de prendre les espèces épaisses et visqueuses, car elles produisent un limon qui ferait corrompre l'eau. On peut choisir la belle Ulve verte, l'Entéromorphe ou Gazon de mer, la Mousse chondrille, les Corallines roses ou pourpres ; les plus petits morceaux de roche attachés à ces plantes suffiront pour leur végétation.

Un point non moins important, c'est de n'y laisser séjourner aucun corps étranger, aucun fragment d'aliment en décomposition. C'est à cette condition que l'oxygène produit par les plantes marines pourra neutraliser l'acide carbonique émis par les animaux, établir l'équilibre et assurer l'existence de ces derniers. En outre, ces herbages servent de retraite aux animaux ; souvent ils y trouvent une nourriture agréable et toujours du repos et un abri. Les plantes doivent, à leur tour, aux animaux l'acide carbonique qu'ils rejettent en respirant, et qui, s'il n'était absorbé par elles, infecterait l'aquarium.

CHAPITRE V.

RÉCOLTE DES PLANTES ET DES ANIMAUX.

Installation, entretien, nourriture.

La chose la plus amusante peut-être dans la formation d'un aquarium est de recueillir les êtres qu'on y destine. Sans parler des péripéties du voyage, des beautés du paysage et des sublimes tableaux qu'offre la mer sous ses différents aspects, on trouve un plaisir toujours nouveau dans l'observation des instincts des animaux, et les moindres découvertes procurent des jouissances infinies.

Le véritable ami de la nature, celui qui veut voir et étudier par lui-même, doit chercher et recueillir les spécimens plutôt que les acheter. Un Parisien n'a d'ailleurs pas cette dernière ressource, car il n'existe pas, que je sache, dans cette ville qui a la prétention d'être la capitale du monde civilisé, un seul endroit où l'on puisse se procurer, à prix d'argent, les animaux propres à peupler un aquarium. A Londres où, je le dis à regret, le goût des sciences est beaucoup plus répandu qu'à Paris, de nombreux marchands peuvent vivre de l'industrie des aquariums, et l'on trouve chez eux, non-seulement tout le matériel nécessaire, mais encore un riche assortiment des plantes et des animaux que l'on y entretient le plus habituellement. Un seul établissement chez nous a tenté cette audacieuse entreprise. Monté d'une façon tout à fait grandiose, sur le boulevard Montmartre, et soutenu par l'immense fortune d'un homme généreux et éclairé, M. Duval, ce bel établissement, le plus grand et le plus curieux qui se pût voir en Europe, véritable musée vivant du monde des eaux, dut fermer au bout de quelques mois, et après des sacrifices énormes. — Mais pardon de la digression et rentrons dans notre sujet.

Les instruments nécessaires à l'explorateur des plages maritimes sont : un marteau de géologue, tranchant d'un côté, pour briser les roches auxquelles adhèrent les plantes marines et certains animaux, un ciseau à froid solide pour le même objet, un filet à main ou troubleau, un panier couvert finement tressé, deux ou trois jarres et autant de bocaux à large ouverture. Les vases doivent naturellement être très-propres et sans aucun enduit chimique. Il faut aussi avoir de solides chaussures, les meilleurs spécimens se trouvant le plus souvent, à marée basse, au-dessous de la ligne des eaux. Un levier pour retourner les grosses pierres sera également fort utile.

La meilleure saison pour les recherches est pendant l'été et l'automne, surtout après la nouvelle et la pleine lune, lorsque les marées reculent jusqu'à leur extrême limite et laissent à sec de larges espaces habituellement couverts par les eaux.

Les plages bornées par des falaises crayeuses et couvertes de galets sont peu propices aux recherches, parce que, le flot agitant et choquant les cailloux les uns contre les autres, les animaux marins sont promptement brisés et détruits. Il n'en est pas de même de la région des dunes, celles-ci présentant un fond de sable fin où la vague dépose mollement les êtres animés qu'elle rejette de son sein, surtout quand à cette douce grève se joignent quelques rochers, dans les anfractuosités desquels peuvent se réfugier les animaux marins. Mais les points de la côte les plus favorables aux recherches sont les plages rocheuses, hérissées de blocs et de brisants, telles qu'on les rencontre en Bretagne et au sud de Boulogne. Ce sont celles où le naturaliste pourra faire les plus riches moissons. A marée haute, les flots apportent au milieu de ces rochers des milliers d'animaux marins qu'ils abandonnent, en se retirant, dans les anfractuosités ou dans les creux des rochers ou l'eau séjourne. Des bancs de rochers se découvrent à mer basse et restent jonchés d'Algues et d'Hydrophytes de toutes sortes, au milieu desquelles vivent des populations singulières et peu connues.

Il faut éviter les points de la côte où les sources abondent, ou ceux où quelque cours d'eau se déverse dans la mer. L'eau y étant presque douce ou saumâtre, le plus grand nombre des animaux marins s'en éloignent.

Quod est ante pedes nemo spectat : personne ne regarde à ses pieds, a dit Cicéron. Un vrai naturaliste ne doit pas mériter ce reproche; il doit toujours regarder à ses pieds. Tandis que le vulgaire promeneur ne voit sur le sable fin qu'une coquille vide, un débris de Crabe ou d'os de Seiche, un paquet de Fucus desséché; qu'il évite avec soin les roches humides et les flaques d'eau où il mouillerait ses bottes vernies, le naturaliste se baisse et regarde à ses pieds; il retourne les pierres et les touffes d'herbes marines; il explore les petites flaques d'eau que la vague a laissées en se retirant; il ne craint pas, au besoin, d'entrer dans l'eau pour visiter quelque roche à moitié émergée, et il en est récompensé par le merveilleux spectacle de la vie se manifestant à ses regards en milliers d'êtres aux formes bizarres. Celui qui étudie la nature connaît seul les merveilles secrètes que recèlent les trous des rochers, le sable et la vase des mers.

Quand on cherche dans les rochers, c'est toujours plutôt dessous que dessus qu'on trouvera, et plus l'on s'avancera vers la limite des basses eaux, plus augmenteront les chances de découvertes. Pour prospérer dans l'aquarium, il faut dês Algues pleines de vie et de fraîcheur, et recueillies sur le lieu même où elles poussent. On les trouvera fixées aux flancs des rochers qui émergent à marée basse, dans les creux et trous profonds qu'ils recèlent et dans les bassins naturels qu'ils forment.

C'est surtout dans ces bassins naturels creusés dans le roc que l'on devra diriger ses recherches. Leurs bords sont couronnés d'épaisses touffes de Fucus, qui abritent contre les rayons brûlants du soleil cette petite mer en miniature. Aussi que de richesses! Les Blennies verdâtres et les Palémons transparents, effrayés de notre approche, filent comme des traits et se réfugient sous les larges frondes des Fucus; les Toupies, les Nérites et une foule d'autres petits Mollusques broutent les délicates mousses marines qui tapissent les parois du bassin; des Actinies de toutes couleurs épanouissent leurs tentacules bariolés comme les pétales des fleurs; tandis que la fantastique Étoile allonge l'un après l'autre ses longs bras orangés sur le fond de sable que sillonne dans tous les sens une multitude de vers. Puis, sur les saillies des bords croissent les petits buissons des Corallines roses, ces petits arbres de pierre; plus bas, les touffes empourprées des Céramies et des Polysiphonia dont la finesse est comparable à celle des plus fins cheveux, et plus bas encore les belles feuilles cramoisies du Delesseria. C'est un coup d'œil merveilleux pour ceux qui en jouissent que ce petit monde aux formes variées et aux brillantes couleurs.

Effrayés par notre présence, les êtres qui tout à l'heure animaient le bassin sont disparus; vous ne voyez plus rien; mais attendez un instant sans bouger, et bientôt quelques rides à la surface de l'eau vous avertiront que les habitants de ce petit monde sont revenus de leur première alarme. Après quelques secondes d'attente, plongez vivement votre filet dans l'eau, et neuf fois sur dix vous y trouverez une Crevette, une Blennie, un Gobie ou une Épinoche de mer.

Mettez le produit de votre chasse dans une de vos jarres remplie d'eau de mer et attendez de nouveau. Bientôt un petit Crabe ou quelque autre individu se présentera à la surface et vous ferez de nouveau jouer le filet. Lorsque vous ne voyez plus d'espèces agiles qui viennent s'offrir à vos coups, il est temps de vous occuper des sédentaires. Si le fond est garni de petites pierres et de débris, bien que vous n'y voyiez d'abord pas signe de vie, plongez-y votre main profondément et ramenez-en une bonne poignée, la main tournée en-dessous, et renversez-la sur quelque surface plate de rocher; le plus souvent

vous y trouverez une ou deux Anémones de mer,
qui recouvrent de leur pied quelque pierre.

La *Crassicornis* affectionne particulièrement ce
lieu; recouverte de petites pierres, elle y tend ses
embûches; mais après un court séjour dans un vase,
elle secoue ses cailloux et déploie dans toute sa
gloire sa brillante collerette de tentacules. Visitez
ensuite le dessous des frondes des bouquets d'Algues
et vous y trouverez d'autres Actinies. Coupez le
fragment auquel elles adhèrent, plutôt que de les
détacher; faites de même pour celles qui sont fixées
sur des coquilles ou des tessons, elles se détacheront d'elles-mêmes dans l'aquarium pour choisir un
autre site. Ne vous occupez de celles qui sont attachées à la roche qu'en dernier lieu; elles ne vous
échapperont pas. Tentez alors, au moyen du marteau et du ciseau, de briser d'un coup sec le fragment sur lequel l'animal est fixé; vous avez une
chance de plus pour les conserver, si elles n'ont pas
été touchées avec les doigts. Si, à cause de la profondeur de l'eau, vous ne pouvez agir ainsi, tentez,
aussi délicatement que possible, de les détacher, en
glissant sous leur pied l'ongle du pouce, ou mieux,
la pointe arrondie d'un couteau à papier en bois ou
en ivoire; l'attouchement la fera contracter de manière à rendre son enlèvement plus facile; c'est une
affaire d'habitude.

Passez ensuite à la récolte des plantes : prenez autant de touffes d'Ulva et d'Enteromorpha que vous pourrez ; ce sont les plantes par excellence pour l'aquarium marin. Les Algues d'un vert brillant sont toujours utiles ; celles d'un rouge vif le sont moins, si ce n'est comme plantes d'ornement ; les brunes et les olives sont inutiles, quand elles ne sont pas nuisibles.

A l'aide du marteau et du ciseau enlevez le morceau de roche auquel est attachée la plante que vous voulez recueillir ; inutile de dire que ce fragment de roche doit être le plus petit possible. Si, maladroitement, vous détachez la plante, il est inutile de l'emporter, elle ne vivrait pas. Il est fort important que les éclats de pierre auxquels sont fixées les Algues soient parfaitement nets ; s'ils sont couverts d'Éponges, de Balanes ou de Lepralia, on les enlèvera avec soin, au moyen d'un râcloir, car ils mourraient promptement dans l'aquarium et corrompraient l'eau, en y dégageant de l'hydrogène sulfuré, le gaz le plus infect et le plus nuisible, et qui noircit tous les objets.

Quand vous avez terminé l'exploration des roches et des bassins, arrachez une large poignée d'herbes marines, tapissez-en le fond de votre panier, placez dessus vos plantes bien étalées, et recouvrez-les de la même façon.

Lorsqu'on chemine à travers les roches, il est bon de regarder attentivement à ses pieds, afin d'éviter les crevasses et les touffes de Fucus que leur enduit visqueux rend glissantes comme le verglas. Une chute malheureuse peut entraîner la rupture d'un membre et, par suite, l'impossibilité de retourner sur ses pas; or le flot n'attend pas. On doit d'ailleurs être toujours muni d'une table des marées, pour éviter le danger d'être surpris sur un point plus élevé et souvent entouré par l'eau avant d'avoir pu prévoir le danger. Le moins qui puisse arriver dans ce cas est la nécessité de se mettre à l'eau jusqu'à la ceinture, ou même à la nage; mais ce n'est rien, si l'on en est quitte pour un bain impromptu.

Lorsque la mer remonte, il est temps de songer à empaqueter ses richesses pour le transport, qui doit toujours être effectué le plus promptement possible. Les plantes marines peuvent être transportées à d'assez grandes distances sans eau; le meilleur procédé est d'employer un panier finement tressé ou une boîte de fer-blanc dont le fond sera garni d'une couche de Fucus nouvellement cueilli et humide; sur ce lit frais et doux on placera les divers spécimens des plantes que l'on aura recueillies, en ayant soin de mettre au-dessous les plus robustes et de bien étaler leurs parties, de façon qu'elles ne soient point froissées. On recouvrira ensuite le tout d'une dernière couche de Fucus, et l'on refermera le couvercle de manière à exercer une légère pression, pour empêcher le ballottement des échantillons et surtout celui des pierres et des éclats de roche auxquels sont attachées les Algues.

Beaucoup d'animaux peuvent être transportés de la même façon que les plantes; tels sont les Mollusques, la plupart des Crustacés, les Actinies, les Échinodermes. On les placera sur des couches de Fucus humides, séparés les uns des autres, dans un panier ou dans une boîte, mais en ayant soin de n'exercer aucune pression et de laisser un libre accès à l'air. Quant aux Annélides ou Vers de mer, aux Méduses et aux plus délicats Zoophytes, on ne peut les transporter que dans l'eau de mer. Une caisse en zinc, divisée en compartiments et fermée par un couvercle percé de trous, remplira parfaitement le but. Des pierres, des écailles d'huîtres couvertes d'Annélides et de Zoophytes, peuvent être mises dans un filet ou dans un panier à salade suspendu au-dessus d'un seau ou d'un vase rempli d'eau de mer et plongeant dedans.

Moins les objets resteront de temps en route, meilleur sera leur état sanitaire au but du voyage. Aussitôt leur arrivée, il faudra les déballer avec soin et les placer un à un dans des vases peu profonds, remplis d'eau de mer. De cette manière, non-seulement l'on verra ceux qui sont vivants et bien portants, et ceux qui sont morts ou malades, mais encore les plantes, les coquilles et les animaux seront lavés des saletés et des mucosités accumulées sur eux pendant le voyage, et ils seront ensuite déposés dans l'aquarium qui doit leur servir de demeure définitive. Lorsqu'on place les Actinies dans un vase provisoire avec quelques pouces d'eau pour les laver et les débarrasser des herbes, il est désirable qu'elles ne s'attachent pas au vase ; on n'a qu'à les placer la tête en bas. Il est toujours préférable, lorsqu'on veut les changer de place, de les transporter dans une large cuiller de bois, qu'avec les doigts.

C'est toujours le début qui est le plus difficile, et il faut s'attendre inévitablement à des pertes pendant les premiers jours ; mais les animaux qui auront supporté vaillamment l'épreuve pendant une ou deux semaines pourront être considérés comme acclimatés, et fourniront, si tout est bien conduit, une longue carrière.

Nous ne saurions trop recommander de ne placer dans l'aquarium les plantes, les pierres et les coquilles, qu'après les avoir débarrassées, aussi complétement que possible, des petits parasites qui les couvrent souvent comme d'une espèce de teigne vivante ; cette agglomération de petits Zoophytes microscopiques, dont beaucoup sont déjà morts ou meurent promptement, cause la putréfaction de l'eau et la souille au point d'entraîner souvent la perte de toute la colonie. Les vieilles coquilles couvertes de Serpules devront être également visitées avec soin, afin de retirer de leurs tubes celles qui seraient mortes. Il est d'ailleurs nécessaire, en tout temps, d'exercer la plus grande surveillance sur les animaux qui vivent enfermés dans une coquille ou un test quelconque. Tout individu qui restera renfermé plus longtemps qu'il n'a coutume de le faire, tout animal qui se retirera dans un coin ou un trou et y demeurera contre son habitude, doit être surveillé de près et mis à part jusqu'à nouvel ordre. Toute plante qui s'affaisse amollie, ou qui se couvre de taches jaunes, doit être retirée ou tout au moins émondée.

Si, malgré l'attention qu'on y porte, l'eau montre des symptômes de putréfaction, c'est-à-dire prend un aspect laiteux et répand une odeur fétide, il faut, dès qu'on s'en aperçoit, retirer les animaux survivants et les mettre dans d'autre eau de mer, ou, si l'on n'en a pas, transvaser doucement au moyen d'un siphon la portion supérieure du liquide, sans remuer le fond, afin d'y déposer provisoirement les animaux et les plantes. Le bassin sera alors complément vidé et nettoyé, et l'on pourra y reverser l'eau à travers un filtre de charbon, comme nous l'avons

indiqué plus haut, et en la faisant tomber d'une certaine hauteur, afin qu'elle achève de se purifier dans
son passage à travers l'atmosphère.

Si l'eau de mer dans laquelle ont été transportés
les animaux n'est pas trop échauffée et troublée, on
peut la faire servir, en la mêlant avec l'eau artificielle ; elle est toujours supérieure à cette dernière.
Il faut, autant que possible, ménager chaque goutte
d'eau de mer, celle-ci n'étant pas renouvelable à
volonté quand on demeure loin des côtes ; mais il
faut avoir soin d'en retirer tous les spécimens aussitôt arrivés, et de la filtrer et l'agiter avant de s'en
servir de nouveau.

Lorsque l'aquarium est prêt à recevoir ses hôtes,
il reste à faire choix des animaux que l'on destine à
vivre en communauté. Les mêmes observations que
nous avons faites, relativement à la population et à
l'association des animaux dans l'aquarium d'eau
douce, sont applicables à celui d'eau de mer. Il y a
incompatibilité d'humeur entre certains individus,
bien que citoyens du même empire, et leur promis-
cuité pourrait entraîner de graves inconvénients pour
la paix publique. Tels sont, par exemple, les gros
Crabes avec les Actinies, et celles-ci avec les petits
poissons. Les Crabes marchent sur les Anémones et
les tourmentent, et celles-ci cherchent à saisir les petits poissons qui passent à leur portée, et parfois les

engloutissent. Les Étoiles de mer tuent les Mollusques et les arrachent de leur coquille. Quant aux animaux de forte taille ou de mœurs féroces, on doit tout naturellement les bannir de l'aquarium, ou du moins les parquer à part. Le Crabe tourteau, le Homard, le Poulpe, les Roussettes, les Congres, le Chabot de mer etc., bien que fort intéressants à observer, auraient bien vite fait d'un aquarium populeux un véritable champ de bataille. Ce sont, en outre, de gros consommateurs d'oxygène qui demandent un vaste bassin.

Une question importante est celle de l'alimentation des animaux. Dans un aquarium où la vie s'exerce depuis quelque temps, les animalcules microscopiques se développent au point de satisfaire jusqu'à un certain point aux besoins des petits animaux, et plusieurs y vivent des années entières sans autre nourriture. Cependant la plupart des animaux marins sont très-voraces, et une nourriture réglée les tient en bonne santé et accroît leur beauté. L'Huître leur fournit une bonne alimentation. Il faut la couper en très-petits morceaux, proportionnés à la taille des individus auxquels on les destine, les leur présenter au moyen d'une longue pince devant la bouche, jusqu'à ce qu'ils les prennent, et les retirer aussitôt s'ils tombent au fond ou s'ils les rejettent. Deux ou trois morceaux suffiront, suivant la taille de l'individu, et l'opération peut être répétée deux fois par semaine. Une heure ou deux après le repas, on retirera, au moyen du tube de verre, tout ce qui aura été rejeté; sinon ces débris, en se putréfiant, empoisonneraient l'eau. Les mêmes recommandations que nous avons faites pour l'alimentation des animaux d'eau douce trouvent ici leur application.

CHAPITRE VI.

LES PLANTES MARINES.

La flore marine est moins riche que la flore terrestre ; cependant elle mérite sous tous les rapports
l'attention du botaniste et l'admiration de l'artiste
par la variété de ses formes et la beauté de ses couleurs.

Les plantes marines appartiennent presque exclusivement à une seule classe de végétaux : celle des
Algues. Elles ont une organisation fort différente de
celles qui ornent la terre et les eaux douces. Ce sont
des plantes acotylédones, dépourvues de sexes apparents ; elles n'ont pas de fleurs et ne produisent pas
de fruits. Quand on enlève ces Algues à leur élément,
on est frappé de la bizarrerie de leurs formes et de
leur organisation ; les unes sont composées de cellules emboutées les unes dans les autres ; les mieux
organisées ne sont en réalité que des masses gélati-
neuses, recouvertes d'une enveloppe qui ressemble
à du cuir lustré, divisées en rameaux irréguliers,
qui se terminent par des expansions membraneuses
en guise de feuilles.

Tantôt elles ressemblent à des lanières onduleuses,

tantôt à des filaments crispés : les unes épaisses et coriaces comme du cuir, les autres minces et membraneuses. Il en est qu'on prendrait pour des étoffes régulièrement gaufrées; d'autres ressemblent à des rubans, à des courroies, à des fils de soie.

Les Algues n'ont pas de racines véritables; l'empâtement qui en tient lieu a peu de ressemblance, en effet, avec les racines des végétaux terrestres; il n'est point, comme celles-ci, formé par les prolongements fibreux de la tige, chargés de puiser dans le sol les substances nécessaires à l'accroissement de l'individu. C'est un simple faisceau de crampons destinés seulement à maintenir la plante en place, et qui ne contribuent en rien à la nourriture du végétal ; aussi la nature du terrain importe-t-elle peu aux plantes marines, dont le plus grand nombre choisit même les rocs les plus nus pour s'y développer. C'est par tous les points de leur surface que les Algues absorbent leur nourriture de l'eau environnante.

Les Algues marines ou Thalassiophytes ont été réparties en trois familles assez naturelles ; les *Zoospermées*, les *Floridées* et les *Phycées*. La couleur est un des caractères distinctifs les plus marquants qui différencient ces trois familles d'Algues marines, et, à part quelques rares exceptions, cette couleur est constante dans les trois tribus qu'elle caractérise.

Elle est d'un vert gai ou herbacé dans les Zoospermées, qui habitent à la surface des mers ou du moins
à de très-petites profondeurs, et cette couleur est
évidemment due à l'action continue de la lumière
avec laquelle elles sont plus en contact. La couleur
rose, violette ou pourpre distingue les Floridées,
qui se plaisent à une plus grande profondeur que les
Zoospermées. Les Phycées, également répandues à
la surface et dans les profondeurs de la mer, se distinguent des deux familles précédentes par leur couleur d'un vert olivâtre ou d'un brun plus ou moins
foncé.

Les Algues ont, en général, un mode de reproduction fort curieux à observer ; elles se reproduisent par
des sporules, doués, comme les petits des animaux
de la faculté locomotive : c'est à cette particularité
que la famille des Zoospermées doit son nom. Lorsque la plante est arrivée à son parfait développement,
la matière verte, contenue dans les cellules, subit
une modification organique profonde, par suite de
laquelle elle se transforme en véritables animalcules
qui, à l'aide du bec dont ils sont munis, percent la
paroi de leur cellule pour s'en échapper. On voit
alors ces corpuscules globuleux ou ovoïdes qui s'agitent et nagent d'un mouvement rapide, au moyen
des cils vibratiles dont ils sont couverts ; ce sont de
véritables infusoires. Mais, si l'on suit attentivement

leurs mouvements, on les voit, après avoir vaga-
bondé pendant un temps plus ou moins long dans le
liquide ambiant, se fixer à quelque corps sous-
marin, et là conserver une immobilité parfaite; puis,
bientôt, germer comme une graine et se développer
en une petite Algue marine. On donne à ces singuliers animalcules le nom de *Zoospores*, qui signifie
animal-graine. C'est là, sans contredit, un des phénomènes les plus merveilleux que présente le règne
végétal.

Prises dans l'ordre où elles se présentent d'elles-
mêmes à nos regards sur la plage, nous remarquons
d'abord que les Algues vertes (Zoospermées) abondent dans la limite des hautes eaux, surtout dans
les flaques des rochers que découvre la mer en se
retirant à marée basse; que les vert-olive (Phycées)
couvrent tous les rochers exposés à l'air, commen-
çant à paraître faiblement vers la limite des hautes
eaux et devenant plus abondantes avec la profondeur croissante de l'eau. Nous remarquons enfin
que les Algues rouges (Floridées) ne se rencontrent
que rares et chétives dans les limites des marées,
tandis que leur nombre, leur beauté et la pureté de
leurs couleurs s'accroissent à mesure qu'elles sont
plus abritées de l'air et de la lumière, sous une eau
profonde ou sous les rochers.

Les Algues vertes sont celles qui offrent la struc-

ture la plus simple; ce sont d'abord les *Conferves*
et les *Entéromorphes*, qui couvrent les roches et
les pierres lisses, émergées à marée basse, d'une
couche glissante d'un vert brillant, ou remplissent
les flaques peu pro-
fondes de leurs touf-
fes herbeuses. Ces
plantes, que l'on dé-
signe sous le nom
vulgaire de *Gazon
de mer*, consistent
en membranes tu-
bulaires, simples ou
branchues, parais-
sant à l'œil nu comme
une fine soie verte,
et montrant sous le
microscope une sur-
face composée de pe-
tites cellules remplies de granules vertes.

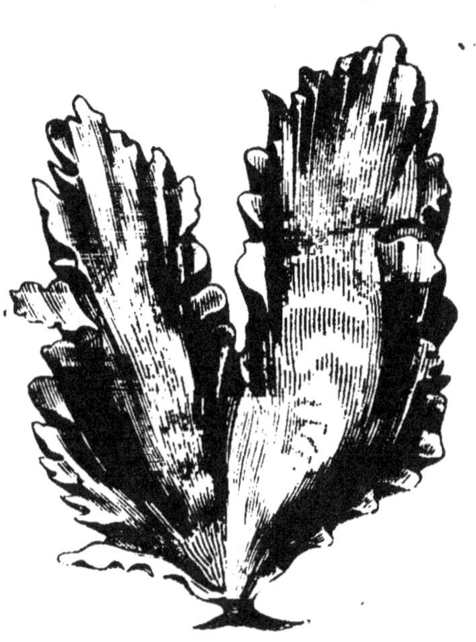

Fig. 163. — Ulva latissima.

Aux Entéromorphes succèdent les *Ulves*, qui s'en
distinguent par leur forme aplatie et non plus tubu-
laire. La belle Laitue de mer (*Ulva latissima*), que
l'on trouve dans les bassins naturels que forment les
rochers, est composée d'une très-large feuille, on-
dulée, plissée, d'un tissu fin comme de la batiste et
d'un beau vert tendre brillant. Une autre espèce, la

Laitue pourpre (*Ulva purpurea*), croît sur les roches découvertes, près de la limite des basses eaux; elle ressemble par la forme à la Laitue verte, mais son tissu, encore plus délicat et transparent, est élégamment pointillé de petits grains rouges, auxquels elle doit sa couleur. Cette plante semble faire exception à la règle générale de coloration en vert qui caractérise la famille des Zoospermées; mais, bien qu'on l'appelle *pourpre*, cette Ulve affecte diverses couleurs, suivant la saison et l'âge de la plante, et ce n'est que lorsque les graines sont arrivées à leur parfait développement qu'elles prennent cette couleur violet pourpre qui distingue la plante; en toute autre saison, les feuilles sont d'un vert olivâtre.

Les Ulves figurent parmi les plantes les plus utiles à l'aquarium marin, à cause de leur propriété d'expirer abondamment l'oxygène; elles y réussissent parfaitement. On la voit, sous l'influence de la lumière, qu'elle supporte sans inconvénient, étaler ses larges frondes et se couvrir de bulles d'oxygène brillantes comme des perles, qui, agissant comme de petits ballons en miniature, soulèvent les feuilles ondulées de l'Algue comme une draperie tissée d'émeraudes. Le seul défaut qu'offre cette plante est la délicatesse de son tissu et le peu de solidité de son attache; aussi faut-il la manier avec précaution.

On trouve également, dans la plupart des flaques

de nos côtes rocheuses, près de la limite des basses eaux, une Algue d'un vert brillant, à tige cylindrique et branchue, revêtue, lorsqu'on la voit sous l'eau, d'un duvet de filaments incolores; c'est le *Codium tomentosum*, qui croît sur toutes les plages et dans toutes les parties du monde. Près du Codium croit une élégante petite plante, comme formée d'une multitude de plumes vertes gracieusement groupées ensemble; c'est le *Bryopsis plumosa*. Sa substance est molle, et lorsqu'on la retire de l'eau, ses branches tombent les unes contre les autres; mais elles s'épanouissent de nouveau dès qu'on les replonge dans le liquide. Peu de plantes sur nos côtes sont plus jolies, et le plaisir de l'observer peut être indéfiniment prolongé, si on la conserve dans l'aquarium, où elle viendra bien.

Pour compléter la liste des Zoospermées propres à figurer dans l'aquarium, ajoutons encore la *Cladophora rupestris*, qui croît en touffes filamenteuses d'un vert sombre, à l'abri sous les roches.

Les longues touffes de Varechs bruns ou olivâtres, qui pendent comme des chevelures en désordre à la pointe des rochers que les vagues découvrent à marée basse, représentent la famille des Phycées. Ce groupe renferme les plantes les plus robustes de la flore maritime, les Fucus, les Laminaires etc., mais elles ne sont d'aucune utilité dans l'aquarium; elles produisent peu d'oxygène, et leur nature visqueuse gâte l'eau d'un petit bassin.

Vient ensuite la famille des Floridées ou Rhodospermes; ces Algues, autant par l'élégance de leurs formes que par l'éclat de leurs couleurs, font le plus bel ornement de nos aquariums; malheureusement elles sont moins robustes que les Zoospermées ou Algues vertes et n'y vivent pas longtemps, surtout si on les soumet à l'action d'une lumière un peu vive; cependant quelques-unes d'entre elles s'y comportent assez bien et produisent leur contingent d'oxygène. Parmi les plus usuelles, nous citerons les *Corallines*, qui croissent en abondance sur nos côtes, surtout vers la limite des basses eaux, dont elles tracent la ligne habituelle, comme ces traits en couleur qui sur nos cartes de géographie marquent la limite des diverses contrées. C'est une petite plante composée de nombreuses tiges grêles, articulées, branchues, ne dépassant guère un décimètre de hauteur, mais formant des masses épaisses qui servent de refuge à un grand nombre d'animaux. On prendrait volontiers cette petite plante pour un polypier, car elle a la singulière propriété d'extraire de l'eau de mer, pour s'en revêtir, une telle quantité de carbonate de chaux que, lorsque les parties végétales meurent et se décomposent, la portion calcaire reste intacte et conserve sa forme primitive.

Lorsqu'elle est vivante, la Coralline est rose ou d'un rouge pourpre; les tiges, complétement blanches, ne sont que des morts revêtus de leur suaire de pierre. Les roches situées vers la limite des basses eaux sont souvent couvertes d'une substance d'apparence écailleu-
se, d'un rouge pour-
pre, et rappellent cer-
tains Lichens qui cou-
vrent les roches terres-
tres; ce sont des taches qui s'étendent sur la pierre par zones con-
centriques. C'est le très-jeune âge de la Co-
ralline, et l'on devra en-

Fig. 164. — Coralline.

lever quelques éclats de roche couverts de cette croûte rouge pour les mettre dans l'aquarium, où on les verra se développer en jolies touffes roses et pourpres.

Les *Polysiphonia urceola* et *variegata* sont de jolies petites Floridées, aussi remarquables par leur organisation que par la délicatesse de leurs rameaux branchus et leur belle couleur rouge. Si l'on coupe une de leurs branches transversalement, on voit que chaque tige est composée de six tubes rangés autour d'un canal central.

Le *Plocamium coccineum* est une jolie petite
Floridée d'un beau rouge, qui dépasse à peine un
décimètre de hauteur ; sa tige est très-ramifiée, et
chaque petit rameau, à peine gros comme un cheveu, est garni d'un seul côté de ramilles régulièrement rangées comme les dents d'un peigne. Elle est

Fig. 165. — Plocamium coccineum.

bonne surtout lorsqu'elle provient d'une certaine
profondeur, mais elle craint la lumière.

Le *Delesseria sanguinea* forme un magnifique
bouquet de feuilles cramoisies, dont la forme rappelle tellement celle des plantes terrestres, qu'on
croirait voir une touffe de feuilles rougies par l'automne. Il brille de tout son éclat en juin et juillet ;
mais, passé cette époque, ses belles frondes jaunis-
sent, se déchirent, et la nervure médiane reste

seule, portant quelques lambeaux qui la font ressembler à un drapeau déchiqueté par la mitraille.
Malgré sa beauté, cette plante n'est guère propre à
figurer dans l'aquarium, à cause de sa courte existence; on peut cepen-
dant l'y introduire,
mais à la condition
de la surveiller et de
l'enlever dès qu'elle
se couvrira de taches
jaunes; car elle ne
tarderait pas à se dé-
composer et à déga-
ger alors des gaz dé-
létères mortels pour
les animaux. L'ap-
parition des taches

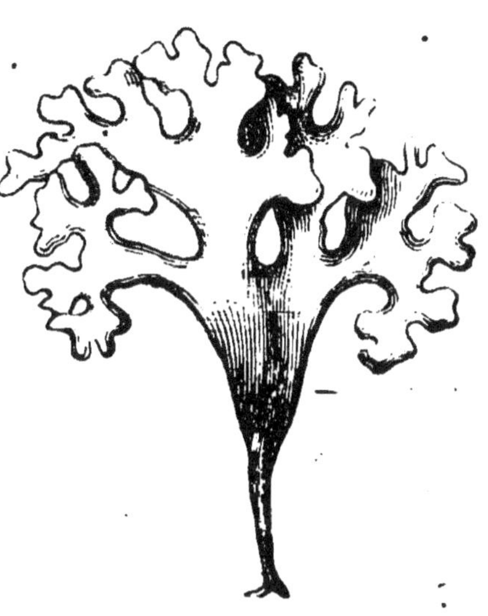

Fig. 166. — Chondrus crispus.

jaunes est toujours, chez les Floridées, un signe
certain de l'affaiblissement qui précède la mort du
végétal.

On trouve souvent abritée, sous les larges touffes
de Fucus qui bordent les bassins peu profonds des
rochers, une Algue dont les frondes, déployées en
éventail, se découpent en segments finement décou-
pés eux-mêmes et frisés à l'extrémité : c'est le *Chondrus crispus* des botanistes, et la Chicorée de mer
des pêcheurs. Cette plante est d'un rouge foncé à

reflets azurés et changeants comme ceux de l'acier trempé. On la trouve parfois à découvert, c'est-à-dire exposée à la lumière, et, dans ce cas, elle est d'un vert pâle et jaunâtre. C'est une règle, que plus les Floridées végètent profondément, plus elles sont à l'abri de la lumière, plus aussi leur couleur est belle et vive. Ce fait est d'autant plus surprenant, que c'est le contraire qui a lieu généralement dans la nature, et que les plantes et les animaux terrestres revêtent des couleurs d'autant plus brillantes qu'ils habitent des régions plus chaudes et plus inondées de lumière. Pourquoi? — Que de *pourquoi* n'ont pas encore trouvé leur *parce que!*

Sous ces mêmes abris on recueillera les touffes si délicates des Céramies, ravissantes petites Floridées qui vivent assez bien dans l'aquarium, si l'on a soin de les mettre à l'abri de la lumière. L'une des plus jolies et des plus délicates est la *Céramie diaphane*, dont les tiges, très-fines, articulées, rameuses, sont composées de cellules cylindriques, alternativement blanches et roses, et renflées de loin en loin en nœuds d'où partent les rameaux. Une autre espèce non moins élégante est la Céramie plumeuse (*Ptilota plumosa*); ses tiges, hautes de 2 décimètres environ, sont garnies de rameaux disposées régulièrement des deux côtés comme les barbes d'une plume, et chacun de ces rameaux est à son tour garni de ramuscules délicats. Cette petite Algue, d'un beau rouge brillant, produit le plus bel effet. Elle conserve son port élégant tant qu'elle est dans l'eau ; mais dès qu'on l'en retire, comme la plupart de ses congénères, elle s'affaisse et ne présente plus qu'une masse informe.

Nous le répétons ici, les plantes sont moins indispensables dans l'aquarium marin que dans celui d'eau douce, et, si l'on en excepte les Algues vertes, elles seront plus souvent nuisibles qu'utiles. On fera donc bien, si l'on est séduit par leur beauté, de

Fig. 167. — Ptilota plumosa.

les conserver dans des bocaux particuliers, où elles brilleront de tout leur éclat sans nuire aux autres, quand elles auront fini leur temps. Quant au Zostère, qui forme de vastes prairies sous-marines, il n'est utile, de même que les Fucus ou Varechs communs, qu'à l'emballage des nombreux objets que l'on aura recueillis.

CHAPITRE VII.

LES ANIMAUX MARINS.

Poissons.

La vie abonde dans l'Océan ; partout elle est répandue à profusion dans son sein. Près des rocs arides du Spitzberg, vers les plages inhospitalières de la terre Victoria, là où le sol ne produit plus même l'humble lichen, la mer est remplie de Fucus et de Conferves, au milieu desquels des myriades de petits êtres vivants passent leur existence. Sous des latitudes moins rigoureuses, le fond des mers est couvert d'épaisses forêts d'Algues, dont les tiges se rejoignent et s'entrelacent pour former ces immenses fourrés dont la mer des Sargasses nous offre l'exemple. Au pied de ces forêts vierges sous-marines se déroule un tapis diapré de mousse et de petites plantes marines, dont les riches couleurs et les formes élégantes ne le cèdent en rien aux végétaux terrestres. Sous ces dômes de verdure, dans ces prairies immenses, se jouent des milliers de poissons, de Mollusques et de Zoophytes, dont les formes bizarres dépassent tout ce que l'imagination la plus riche pourrait inventer.

Notre but est d'indiquer plutôt que de décrire, dans cet ouvrage, les animaux marins qui peuvent figurer dans un aquarium ; ceux de nos lecteurs qui voudraient faire une connaissance plus intime avec la faune et la flore marines devront recourir à des ouvrages spéciaux.

Bien que les poissons forment la portion la plus considérable et la plus importante de la population des mers, il n'en est qu'un fort petit nombre d'espèces que le naturaliste puisse observer. Comme tous les autres animaux, les poissons ont des habitudes et un climat particuliers à chaque espèce. Les uns, constamment sédentaires, ne quittent point le lieu qui les a vus naître, tandis que les autres exécutent périodiquement, chaque année, des voyages plus ou moins longs. Ceux-ci ne se rencontrent que dans les endroits rocailleux du littoral ; ceux-là ne vivent que dans les eaux pures de la haute mer ; il en est qui habitent les herbages et les fonds vaseux, tandis que d'autres se plaisent et s'enfouissent dans le sable ; plusieurs aiment les eaux tranquilles, tandis qu'un grand nombre recherchent les courants rapides.

Le nombre des poissons qui fréquentent nos côtes est considérable ; mais ce n'est que parmi les espèces sédentaires et littorales que l'on peut espérer trouver des hôtes pour l'aquarium ; et si l'on exclut celles que leur taille ou leur voracité doit faire repousser, le nombre en sera très-restreint. C'est dans les bassins naturels que forment les rochers du rivage, dans ces petits lacs salés en miniature, que la mer renouvelle à chaque marée, et où restent emprisonnés les poissons qui n'ont pas suivi le retour de l'eau, que nous trouverons ces espèces.

Dès que l'on s'approche d'un de ces réservoirs, une foule de petits animaux se mettent en mouvement, se croisent en tous sens avec une rapidité telle qu'on ne saurait distinguer tout d'abord ni leurs formes ni leur nature. Mais quelques minutes de patience et d'immobilité feront tout rentrer dans l'ordre ; et l'on pourra distinguer alors, au milieu d'un grand nombre de petits animaux, quelques jolis poissons pleins de vivacité et d'une capture difficile, même à la main la plus habile. Mais si l'on est muni d'un petit filet à main ou d'un troubleau, on s'en emparera facilement.

Le poisson qui se présente le plus communément dans ces petites mares est la Blennie (*Blennius pholis*) ; c'est un petit poisson de 10 à 12 centimètres de long, au corps allongé, à la tête obtuse, présentant un profil presque vertical ; sa peau molle et sans écailles apparentes est toujours enduite d'une mucosité qui lui a valu sur nos côtes le nom de *baveuse*. Sa couleur est très-variable, et l'on en voit depuis le vert clair varié de jaune et pointillé de brun jusqu'au vert olive varié de noir ; mais ce que l'on retrouve dans tous, ce sont de grands yeux brillants entourés d'un anneau d'un beau rouge cramoisi. Ce petit poisson tient parfaitement sa place dans l'aquarium, et ne s'y laisse point mourir de faim, car il va souvent chercher sa proie jusqu'entre les dents des autres animaux. Il est d'ailleurs très-robuste et si vivace que j'en ai vu vivre plus de

Fig. 168. — Blennius pholis.

vingt-quatre heures hors de l'eau, ce qui rend son transport très-facile.

On rencontre avec le Pholis, mais moins abondamment, une autre Blennie de même taille ; sa couleur est un gris roussâtre, marqué sur le dos de taches brunes ; ses nageoires inférieures sont nuancées de jaune. Ce petit poisson a reçu des naturalistes le nom de *Blennie vivipare;* il a la faculté, bien rare chez les poissons, de produire des petits vivants. La femelle porte ses petits pendant tout le printemps et l'été, et ce n'est qu'à l'automne qu'elle

s'éloigne des côtes et se retire dans les eaux profondes pour mettre bas. Le nombre de ces petits est
souvent considérable ; au moment de leur naissance,
leur taille est de 25 à 30 millimètres, et leur corps
est tellement transparent qu'à l'aide d'une forte
loupe on y peut observer la circulation du sang.

Une troisième Blennie se rencontre souvent en
compagnie des deux précédentes ; sa taille est presque double de la leur. Son corps, très-allongé et
comprimé, est d'un gris roussâtre, plus brun sur le
dos, presque blanc sous le ventre, et, ce qui le fera
distinguer facilement de toute autre espèce, elle
porte sur l'épine dorsale une dizaine de taches ocel-
lées à centre noir entouré d'un cercle blanc. Le nom
de cette Blennie est *Gonnelle* (*Blennius gunnellus*) :
elle est aussi vive que ses congénères, et fait, lorsqu'on veut la saisir, des bonds prodigieux. Bien
qu'elle ait une vitalité moins persistante que le Pholis, elle peut vivre encore cinq ou six heures hors de
l'eau.

Dans ces mêmes petits bassins rocheux que fréquentent les Blennies, s'ébattent d'autres petits poissons fort curieux à observer. En voilà dont le corps,
à peine long de 5 à 7 centimètres, est teinté de gris
pointillé de brun, avec une tache noire ronde vers
le bord de la première nageoire dorsale ; d'autres,
de même taille, sont teintés de roux maillé de noir,

et portent deux taches noires de chaque côté du corps.
L'un est le Gobie à une tache (*Gobius minutus*) et
l'autre le Gobie à deux taches (*Gobius bipunctatus*).
Ces petits poissons sont très-vifs; ils établissent leur
demeure sous quelque pierre ou dans quelque petite
touffe d'herbes marines, et, de là, guettent les petits animaux qui passent à leur portée, s'élançant
comme un trait sur leur proie et l'emportant dans
leur repaire; ce sont surtout les petites crevettes

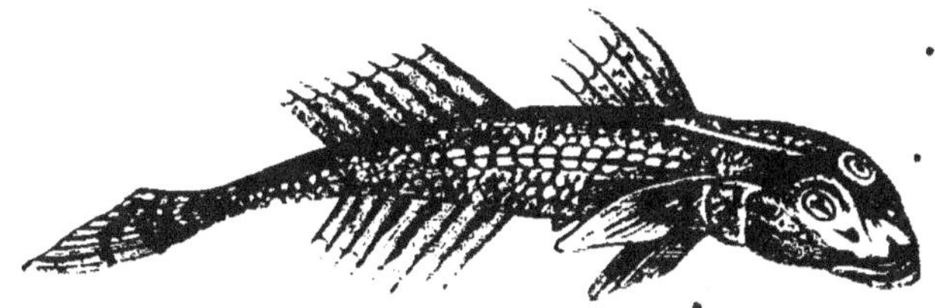

Fig. 169. — Gobius minutus.

qui font les frais de leurs repas. Les Gobies offrent
un détail de conformation assez curieux : leurs nageoires ventrales se-réunissent en un seul disque
creux formant l'entonnoir, et l'animal peut s'en
servir comme d'une ventouse pour s'attacher aux
parois des rochers au milieu desquels il vit, ou contre
le verre de l'aquarium.

Une autre espèce de Gobie, plus grande que les
précédentes, car elle atteint 12 à 14 centimètres,
est le Boulereau ou Goujon de mer (*Gobius niger*);
sa couleur est d'un brun olivâtre varié de bandes

plus claires, avec la dorsale bordée d'un liséré blan-châtre; il porte au-dessous de l'œil six traits noirs. Ce petit poisson a des mœurs très-remarquables; malheureusement, il a un défaut capital qui doit faire repousser son admission dans l'aquarium; ce défaut est de manger ses semblables, ou tout au moins ses congénères, les Gobies tachetés et beau-coup d'autres animaux plus faibles que lui. Ce petit être a cependant des vertus qui s'allient mal avec sa férocité, car il est le modèle des époux et des pères, vertus d'autant plus remarquables qu'elles sont bien rares chez les poissons. Comme l'Épinoche de nos eaux douces, il fait un nid et prodigue les plus tendres soins à sa progéniture.

Les Blennies et les Gobies sont d'amusantes et vives créatures, qui supportent fort bien la captivité de l'aquarium. Ils sont, les premiers jours, farouches et peureux, et le moindre mouvement les met en révolution; mais ils se familiarisent bientôt au point de venir prendre leur nourriture entre les doigts. Seulement ce sont de grands consommateurs d'oxy-gène, et il leur faut, par conséquent, beaucoup d'es-pace et peu de concurrents. Ils craignent la chaleur à l'égal du manque d'air.

L'Épinoche de mer ou Gastré (*Gasterosteus spi-nachia*) rappelle par sa forme générale nos Épi-noches d'eau douce. C'est un petit poisson au corps grêle et allongé, portant quinze épines courtes sur le dos ; ses nageoires ventrales sont également garnies d'une épine. Comme ses congénères d'eau douce, c'est un fort mauvais coucheur. Il offre cette particularité remarquable de pouvoir vivre également dans l'eau douce.

Parmi les herbes marines glissent d'autres petits poissons dont les mouvements souples et agiles font étinceler au soleil leurs écailles d'argent. Le plus répandu, et en même temps le plus remarquable de ces lilliputiens de la mer est celui que les pêcheurs désignent sous les noms d'*Argentine* ou de *Prêtre*, et les naturalistes par celui d'*Atherina presbyter*. C'est un joli petit poisson de 5 à 7 centimètres, au corps allongé, verdâtre en dessus, blanc en-dessous, et remarquable par la belle bande d'argent qui règne le long des flancs. C'est cette broderie d'argent, ressemblant à celle d'une étole, qui lui a fait donner le nom de *Prêtre*. Les Athérines se rencontrent en troupes souvent considérables, au premier printemps et vers la fin de l'été, le long des côtes, où on les pêche à cause de leur chair délicate. Malheureusement, ce joli petit être est fort difficile à conserver : il meurt aussitôt qu'on le tire hors de l'eau.

Voilà à quoi se borne, à peu près, ce que l'on peut capturer, en fait de poissons, dans les bassins rocheux de la côte. En descendant vers la limite de la basse mer, on pourra obtenir quelques espèces qui s'enfouissent dans le sable.

Lorsque le flot se retire, à marée descendante, la plage présente le spectacle le plus animé : on voit alors la grève se couvrir de femmes et d'enfants qui, les jambes nues, tenant à la main un panier et un crochet emmanché d'un bâton, s'empressent d'aller recueillir les fruits que la mer abandonne sur ses rivages. Les uns cherchent dans le sable ou parmi les rochers les Mollusques, les Crustacés et autres animaux marins que la vague a rejetés de son sein. Pendant ce temps, les pêcheurs, armés de bêches ou de râteaux, s'avancent sur le sable encore humide ; ils retournent le sol pour recueillir les animaux fouisseurs, tels que les Clovisses, les Bucardes, les Solens, les Vers marins qui leur servent d'appât, et divers poissons qui se cachent dans le sable. Suivez-les, vous pourrez profiter de leur pêche.

Le poisson qu'ils prennent le plus souvent en creusant le sable est le Lançon (*Ammodytes tobianus*). C'est un petit poisson au corps allongé comme une anguille ; sa couleur est un bleu argenté, nuancé de bandes plus claires ; sa tête comprimée se termine en un museau pointu formé par la mâchoire inférieure, qui est beaucoup plus longue que la supérieure ; c'est là l'instrument qu'il emploie pour

creuser le sable, et il s'en sert avec tant de dexté-
rité que, si on ne le ramasse promptement, il s'y
enfouit de nouveau en un clin d'œil. Le Lançon vit
bien dans l'aquarium, où il nage près du fond, à la
manière des Anguilles, par ondulations.

Vous verrez souvent encore les pêcheurs déterrer,
au moyen du rateau, des Limandes, des Carrelets,
des Soles, poissons plats bien connus de tout le
monde, mais beaucoup plus propres à figurer dans

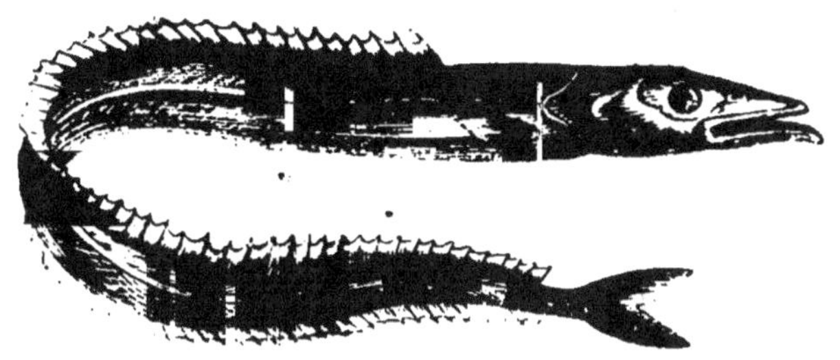

Fig. 170. — Ammodytes tobianus.

la poèle à frire que dans l'aquarium. Ces espèces
restent, en effet, constamment appliquées sur le
sable ou s'y enterrent, et mènent une vie paresseuse
qui les rend impropres à l'aquarium. Ils ont le grave
inconvénient de mourir sans qu'on s'en aperçoive
autrement que par l'infection de l'eau et la mort des
autres habitants.

Parmi les poissons de rivage que l'on peut obtenir des pêcheurs de crevettes qui les prennent souvent dans leurs filets, nous citerons, comme vivant

bien dans l'aquarium, les petits spécimens de la Perche de mer (*Labrax lupus*), et surtout le Callionyme-Lyre et la Vieille ou Perroquet de mer. Ces deux dernières espèces sont très-remarquables par la beauté de leurs couleurs et font l'ornement d'un aquarium. Mais ces poissons sont très-voraces et demandent un bassin à part.

Il n'en est pas de même de l'*Hippocampe*, l'un des poissons les plus inoffensifs et en même temps les plus singuliers dont on puisse doter un aquarium. L'Hippocampe ou Cheval marin tire son nom de la lointaine ressemblance de sa tête avec celle d'un cheval : il rappelle la pièce du jeu d'échecs qui porte le nom de *cavalier*. Sa nageoire dorsale, toujours en mouvement, paraît jouer le rôle d'une hélice de bateau à vapeur. Son corps se termine par une queue grêle, susceptible de s'enrouler autour des tiges des plantes, comme la queue des singes autour des branches des arbres. L'animal nage toujours dans une position verticale, la tête et le museau en avant, à la recherche de sa proie, qui consiste en animal-

Fig. 171. — Hippocampe.

cules. Il existe chez ces curieux poissons une particularité organique singulière : leur peau, en se
boursoufflant, forme sous le ventre une poche dans
laquelle les œufs éclosent, et qui se fend pour donner passage aux petits. Cette poche incubatoire rappelle celle des Sarigues et des Kangurous.

CHAPITRE VIII.

LES MOLLUSQUES MARINS.

Les eaux douces ne nourrissent qu'un petit nombre de Mollusques; mais la quantité de ceux qui habitent les eaux salées est innombrable. Ce qui frappe tout d'abord la vue de l'observateur qui parcourt la plage, c'est l'abondance des coquilles mêlées au sable du rivage. Ces coquilles sont vides et, par conséquent, sans intérêt pour nous; mais nous les retrouverons pour la plupart vivantes, c'est-à-dire pourvues de leur habitant, rampant sur les roches et sur les touffes de Fucus, nageant dans les flaques d'eau salée, ou même enfouies dans le sable. Chacun sait que certains Mollusques portent une coquille d'une seule pièce ou univalve comme le Colimaçon; que d'autres sont renfermés dans des enveloppes composées de deux pièces ou valves liées ensemble par une charnière membraneuse, comme les Huîtres et les Moules, ce sont les Bivalves; que d'autres enfin sont complétement privés de coquille, comme les Limaces: on les nomme *Mollusques nus*.

Les Mollusques, en général, vivent peu de temps dans l'aquarium, et il ne faut pas les perdre de vue;

car ils se renferment dans leur coquille pour mourir
et répandent promptement une horrible infection
d'hydrogène sulfuré, qui empoisonne l'eau et fait
rapidement périr les habitants. Quelques-uns cependant s'y conduisent assez bien, et rendent même
des services signalés, en
s'opposant à l'envahissement
de ces infiniment petites
plantes qu'engendrent les
milliers de spores impalpa-
bles tenues en suspension
dans l'eau de mer. Sans
eux, ces plantules déposées

Fig. 172. — Turbo littoreus.

sur les parois de l'aquarium ne tarderaient pas à
les recouvrir d'une couche opaque de verdure et à
intercepter la vue de l'intérieur du bassin. Parmi
les espèces les plus propres à arrêter cette intempé-
rance végétale et à entretenir la propreté et la transparence de l'eau, nous citerons les Sabots et les
Toupies.

L'une des plus communes, la Littorine (*Turbo
littoreus*), connue sur nos côtes, où on la mange,
sous le nom de *Vignot*, est un joli petit colimaçon
de mer. Sa coquille ovale et ventrue est jaune ou
grise, rayée longitudinalement de brun ou de noir.
L'animal est de couleur roussâtre, zébré de bandes
foncées et porte sur la tête deux tentacules élégam-

ment annelés. C'est, malgré ses habitudes rampantes, un fort joli petit être, qui fait plaisir à voir, glissant sur son large pied contre les parois de glace de l'aquarium.

On trouve encore assez communément sur les rochers, à marée basse, le Sabot à deux zones (*Turbo obstusatus*), dont la coquille est brune bizonée de blanc, et le Sabot jaune (*Turbo nerita*), à coquille couleur de soufre. Ce joli petit mollusque ne paraît pas jouir de la santé robuste de ses congénères, et ne résiste pas à une immersion prolongée; l'air et le soleil lui sont nécessaires, et lorsqu'on place dans l'aquarium des individus de cette espèce, on les voit pendant un ou deux jours ramper contre les parois du vase; puis, l'un après l'autre, se laisser tomber sur le fond de sable pour y mourir.

Fig. 173.

Trochus zizyphinus.

A côté des Sabots se rangent, comme organisation et comme utilité, les Toupies, ainsi nommées d'après la forme de leur coquille. L'une des plus belles espèces de ce genre est la Toupie marginée (*Trochus zizyphinus*), coquille conique, à base orbiculaire aplatie, dont chaque tour de spire est bordé d'un cordon saillant orné de taches rouges : le fond de la coquille est d'un fauve roussâtre. Une autre espèce, plus commune, est la Toupie linéaire (*Trochus lineatus*), d'un blanc jaunâtre, agréablement varié de lignes flexueuses d'un rouge violet.

Toutes ces espèces, si l'on en excepte le *Nerita* ou Sabot jaune, sont assez robustes et s'acquittent en conscience du rôle de nettoyeurs. Ils sont essentiellement herbivores, et leurs organes buccaux sont merveilleusement appropriés à leur genre d'alimentation. Leur bouche renferme une langue hérissée de pointes très-rapprochées et disposées symétriquement comme celles d'une lime. Cette langue, dont on ne pourra voir la structure curieuse qu'en la soumettant au pouvoir amplifiant du microscope, sert à couper les fibres végétales. Chez la Littorine elle n'a pas moins de 5 centimètres de longueur et paraît comme un filament blanc d'une substance résistante et diaphane, hérissée de dents épineuses, qui ont l'éclat et la dureté du verre. Rien n'est intéressant comme de voir travailler ces petits faucheurs à intervalles réguliers. L'animal allonge sa trompe, la tourne de côté, et, après avoir fait sortir sa langue, qu'il applique sur la surface végétale, la ramène à lui en lui faisant décrire une courbe. Il avance alors un peu, projette de nouveau sa langue hors du fourreau et fauche une nouvelle provision. On ne saurait mieux comparer son procédé qu'à celui du moissonneur qui abat les javelles à mesure qu'il marche.

Une des coquilles les plus répandues sur nos plages est le Buccin (*Buccinum undatum*). C'est une coquille conique, ventrue, contournée en spirale, et dont les tours sont arrondis et striés. Sa longueur varie de 5 à 8 centimètres et sa couleur du gris au roux. Si l'on veut trouver cette coquille vivante, c'est-à-dire pourvue de son habitant, il faut la chercher parmi les Fucus que laisse à sec la mer en se retirant, ou dans le sable, où le Buccin s'enfonce parfois à la recherche de quelque malheureux bivalve, qu'il perce de sa langue acérée pour en sucer la substance. L'animal

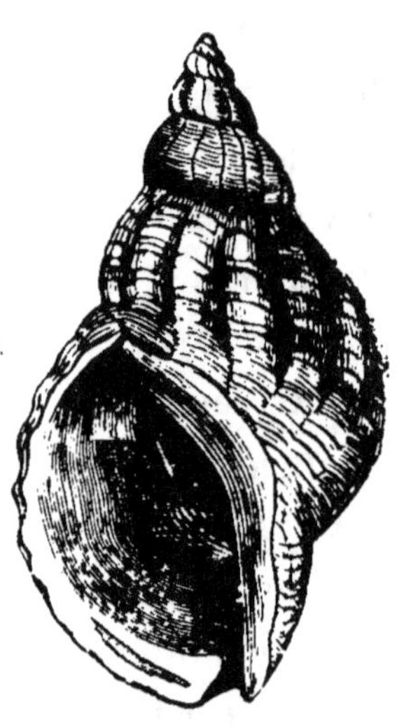

Fig. 174.
Buccinum undatum.

du Buccin a la forme générale du Limaçon terrestre; il rampe comme lui sur un pied élargi, et sa tête terminée en trompe porte deux petits tentacules ou cornes, à la base extérieure desquels sont placés les yeux. C'est une grande et belle espèce dont nous ne conseillerons cependant pas l'introduction dans l'aquarium. Il y devient promptement languissant, se laisse mourir dans sa coquille, et se décompose en un liquide noir et infect, qui empoisonne en fort peu de temps toute l'eau. — Une autre espèce de Buccin que l'on trouve aussi dans le sable, mais moins communément que la précédente, est le Buccin réticulé (*Buccinum reticulatum*); sa coquille, de moitié plus petite, offre une spirale de sept ou huit tours élégamment treillisée par des côtes saillantes; sa couleur est jaune, et elle porte parfois en sautoir une bande bleuâtre. Elle résiste mieux que la précédente.

Plus robuste encore est la Pourpre (*Purpura lapillus*), mollusque voisin du Buccin, et l'un des coquillages qui fournissaient aux anciens la riche couleur dont il a conservé le nom. C'est une coquille

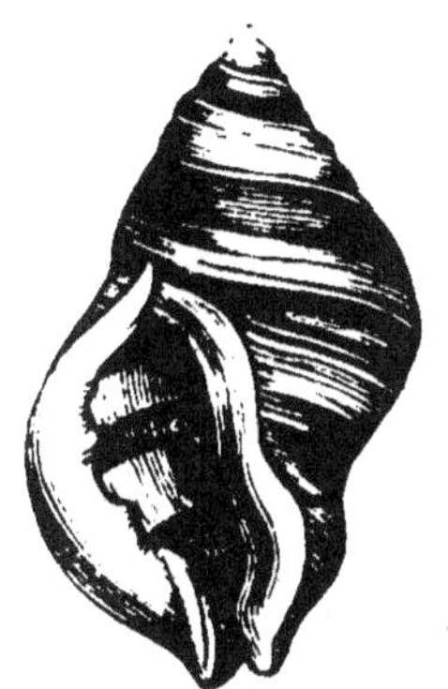

Fig. 175.
Purpura lapillus.

ovale, épaisse, dont le dernier tour de spire est plus grand que tous les autres réunis. Elle offre un grand nombre de variétés : tantôt sa couleur jaunâtre ou grisâtre est tout unie, tantôt elle est traversée de bandes orangées ; tantôt sa surface est lisse, d'autres fois, elle est plus fortement cannelée. La Pourpre vit assez bien dans l'aquarium, mais finit par y mourir de faim, n'étant pas, comme les Sabots et les Toupies, herbivore, mais bien carnassière ; ou bien elle vit aux dépens de ceux-ci. — Chez la Pourpre et le Buccin, la trompe renferme, au lieu de langue, des crochets aigus, au moyen des-quels le mollusque entame et perfore les coquilles les plus dures, comme s'il avait une lime au bout de son museau.

On peut recueillir en abondance, sur les rochers et les Fucus, les œufs de ces mollusques. Le Buccin renferme les siens dans des cap-sules membraneuses réunies en grappes, dont le volume est par-fois considérable. Ces grappes de capsules, qu'on dirait faites d'un parchemin très-mince, sont fort communes sur toutes les côtes, surtout au printemps. Celles qu'on recueille en mars ou avril renfer-

Fig. 176.
Œufs de Pourpre.

ment encore leurs œufs ; plus tard leurs coques sont vides et percées chacune d'un petit trou indiquant la sortie de l'animal.

La Pourpre est également remarquable par la forme singulière de ses œufs. Chacun est isolé et d'une forme allongée, qui rappelle un peu celle du fruit de l'Églantier ; il est muni à sa base d'un petit pédoncule, par lequel il est attaché, soit au rocher, soit aux œufs voisins ; car les premiers semblent ancrés à la pierre et destinés à servir de supports aux suivants. Ces grappes d'œufs peuvent être recueillies et transportées dans des herbes ma-

rines humides, pour être déposées dans l'aquarium.
C'est un spectacle fort curieux que le développement
de l'embryon ; on voit sortir de l'œuf un singulier
petit être, transparent, assez semblable à un Rotifère, et muni, comme lui, de deux larges expansions arrondies et garnies de cils vibratiles qui
agissent comme les roues d'un bateau à vapeur et
au moyen desquelles il nage librement dans les eaux.

Fig. 177. — Œufs de Seiche.

On trouvera assez fréquemment sur le rivage
de la mer des grappes de gros grains d'un brun
pourpré, ressemblant assez pour la forme et la grosseur à des grains de raisins. Et on leur donne, en
effet, communément, le nom de *Raisin de mer*. Ce
sont les œufs de la Seiche. Chacun d'eux est porté
par un pédoncule flexible au moyen duquel ils sont
tous reliés ensemble et fixés à quelque corps sous-
marin. Si vous recueillez ces œufs au printemps,

vous remarquerez probablement dans la grappe quelques grains-plus clairs, plus transparents que les autres, et, avec un peu d'attention, vous distinguerez à travers la mince enveloppe de sa prison le petit animal vivant et paraissant anxieux de sa délivrance. Vous pourrez l'aider en fendant avec précaution l'enveloppe de l'œuf, mais il vaut mieux déposer la grappe dans un vase de verre rempli d'eau de mer avec du sable fin au fond, et attendre que le jeune animal prenne lui-même possession de la vie. C'est là un spectacle fort réjouissant : on voit bientôt la coque se fendre dans sa longueur et la jeune Seiche sortir de sa prison, en agitant ses petits bras. Elle a déjà la forme qu'elle doit conserver toute sa vie ; son corps est enveloppé d'une espèce de sac duquel sort une grosse tête, munie de deux grands yeux rouges et couronnée de dix bras ou tentacules flexibles comme les lanières d'un martinet.

A peine débarrassé de sa coquille, le petit animal fait le tour du vase, comme pour explorer sa nouvelle habitation, puis, lorsqu'il a trouvé une place à sa convenance, il se met à creuser un trou dans le sable. C'est au moyen du siphon qui sort par l'ouverture de son sac et sous la tête qu'il opère ; il en dirige l'orifice vers l'endroit qu'il a choisi, puis lance avec force une colonne d'eau contre le sable, que l'on voit se déplacer comme par enchantement.

Lorsqu'il juge le trou suffisamment profond, il s'y glisse à reculons et y reste immobile, attendant que quelque petite proie passe à portée de ses bras.

En explorant à marée basse les anfractuosités des rochers, on pourra trouver des Seiches ayant atteint tout leur développement, c'est-à-dire mesurant près d'un pied, en comptant les bras, qui font d'ailleurs à peu près la moitié de la longueur. C'est un singulier animal que la Seiche (*Sepia officinalis*) avec ses gros yeux ronds flamboyants et ses longs tentacules au centre desquels se trouve la bouche. Celle-ci est armée de deux mandibules d'une

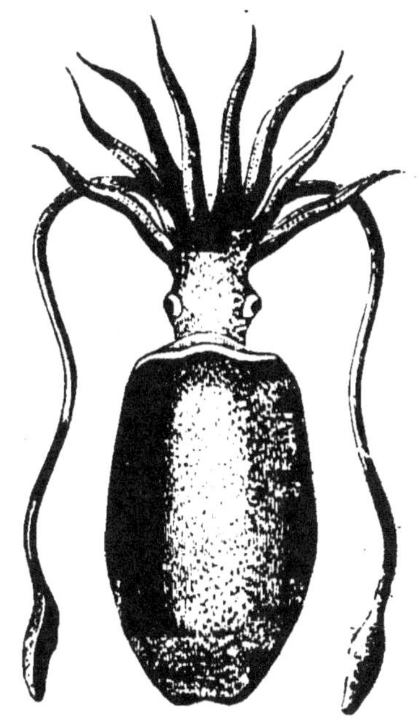

Fig. 178. — Seiche adulte.

corne dure et tranchante comme le bec d'un perroquet, et d'une langue hérissée de pointes. Ses bras sont garnis de nombreuses ventouses, qui s'appliquent si fortement sur les corps, qu'on arracherait plutôt les membres de la Seiche que de leur faire lâcher prise. C'est ainsi que l'animal saisit sa proie, l'attire vers sa bouche et la déchire de son bec acéré. La Seiche nage à reculons et avec vitesse au moyen du refoulement de l'eau par son siphon; elle se sert aussi de ses bras comme de rames ou comme de pieds pour marcher, la tête en bas, sur les bas-fonds.

Le corps de la Seiche renferme deux objets fort singuliers : l'un est une lame osseuse, plate et large, en forme de feuille, qui le traverse dans toute sa longueur. On rencontre très-souvent, sur la plage, cet os ou plutôt cette lame calcaire, — car elle est entièrement formée de carbonate de chaux. — Lorsqu'on ramasse cet objet, on est étonné de sa légèreté, et, en le regardant de près, on voit qu'il n'offre nullement l'organisation des os, mais qu'il est formé d'une succession de feuillets très-minces réunis entre eux par des milliers de petits piliers d'une délicatesse surprenante. L'autre singularité que renferme le corps de la Seiche est une vessie pleine d'encre que l'animal tient en réserve pour sa défense. Lorsqu'il est menacé par quelque ennemi, il lance un jet de ce liquide et répand ainsi dans les eaux un nuage à la faveur duquel il s'esquive.

La Seiche est le type de la classe des *Céphalopodes* (tête-pieds), caractérisés par les pieds ou les bras qu'ils portent à la partie antérieure de la tête. C'est à cette classe qu'appartient le Poulpe, illustré, sous le nom de *Pieuvre*, par les récits quelque peu fantastiques de Victor Hugo. Ce sont d'ailleurs des animaux voraces et féroces, véritables tyrans des espèces faibles, qu'ils poursuivent et déchirent à l'aide des armes redoutables que leur a données la nature. On ne peut les admettre dans un aquarium, qu'ils auraient bientôt converti en un champ de carnage, et si l'on veut les observer à l'aise, il faut les mettre dans un bassin à part.

Parmi les Mollusques bivalves, on peut essayer des Bucardes, des Vénus, des Tellines, des Modioles; mais la plupart s'enterrent dans le sable; et non-seulement ils sont difficiles à surveiller, mais, en réalité, ils n'offrent pas grand intérêt dans un aquarium. Je les en exclus volontiers, car ils sont toujours une menace d'accident, et je leur garde rancune pour m'avoir joué plus d'un vilain tour. J'en excepte toutefois la Moule, dont l'industrie est assez remarquable pour un animal sans cervelle.

Au point de vue gastronomique, la Moule est, sans contredit, fort inférieure à l'huître; mais elle lui est bien supérieure en intelligence, si tant est que l'on puisse employer ce mot en parlant d'une Moule. Comme extérieur, la Moule est aussi beaucoup plus décente que l'Huître. Celle-ci est toujours sale, souillée de boue et d'ordures qui s'amassent entre les feuillets de sa coquille raboteuse; la Moule, au contraire, est toujours propre et nette, et rarement elle se traîne à terre. Mais ce qui fait surtout la supériorité de la Moule, c'est, comme nous l'avons dit, son industrie. Généralement les Moules se fixent aux rochers ou aux poutres des estacades et les unes aux autres en grappes, au moyen d'une infinité de petits cordages déliés qu'elles filent. On donne à ces faisceaux de petits câbles le nom de *byssus*. C'est une espèce de soie que file l'animal, et qui a la propriété de se consolider au contact de l'eau, comme la soie des chenilles et des araignées au contact de l'air. Placez-la dans l'aquarium et vous pourrez observer ses manœuvres Sa coquille s'entr'ouvre, et elle en fait sortir une espèce de langue ou plutôt de pied fort souple qu'elle allonge et qu'elle raccourcit alternativement. Cette langue est creusée d'un canal dans lequel la soie se moule ; elle en applique le bout contre la pierre et la retire aussitôt dans sa coquille, pour l'en faire ressortir un moment après. Ces fils, de la grosseur d'un cheveu, vont en s'écartant les uns des autres, et leur extrémité est terminée par un petit empâtement collé à la pierre. Ce sont autant de petits câbles qui tiennent notre Moule à l'ancre, et elle emploie souvent plus de cent cinquante de ces petits cordages, longs de 1 à 2 pouces, pour s'amarrer solidement. Vous voyez donc que si l'on peut dire : bête comme une Huître, on aurait tort de dire bête comme une Moule.

Un autre Mollusque assez singulier, et que l'on trouvera rampant sur les rochers à marée basse, est le *Chiton* ou *Oscabrion*. Son corps est ovale, et il rampe, comme les Gastéropodes, sur un large pied. Ses branchies, en forme de lamelles triangulaires, sont rangées de chaque côté entre le pied et le bord du manteau. Sa tête, qui ne porte ni yeux ni tentacules, a la bouche fendue en dessous et renfermant une langue roulée en spirale et armée de dents cornées. Son corps est couvert en-dessus de huit pièces écailleuses imbriquées. Le Chiton a des allures fort lentes ; il rampe curieusement sur le fond ou sur les parois de verre. Quand on le touche, il se courbe comme les hérissons et les cloportes.

Il existe des Mollusques qui, comme la Limace de nos jardins, n'ont pas de coquille. Les Mollusques nus qui habitent la mer ont une organisation très-singulière : ainsi que la plupart des animaux marins, ils respirent par des branchies ; mais ces organes délicats, au lieu d'être renfermés dans une cavité intérieure, s'épanouissent à découvert sur le dos en forme de touffes ou de bouquets. De là leur nom scientifique de *nudibranches*. Ils rampent sur le ventre comme les Mollusques gastéropodes à coquille, et nagent renversés sur le dos, en creusant leur pied en forme de bateau et en s'aidant de leurs appendices en guise de rames.

C'est vers la dernière limite des basses eaux, cachés sous les pierres ou dans les touffes de Fucus, qu'on trouvera ces animaux, qui, la plupart, ont des habitudes nocturnes, et sortent rarement pendant le jour de leur retraite.

L'une des espèces les plus communes est le Doris étoilé (*Doris stellata*), long de 3 centimètres; sa forme rappelle celle de la Limace, mais est plus bombée; son corps, d'un gris cendré, est parsemé de tubercules arrondis; il porte sur la tête quatre tentacules, et, à la partie postérieure du corps, ses

Fig. 179. — Doris stellata.

branchies disposées en étoile. Au premier printemps, les Doris viennent par centaines déposer leurs œufs sur les rochers; ces œufs sont agglomérés dans une substance gélatineuse sous forme de longs rubans, blancs, jaunes ou roses, suivant les espèces, et enroulés sur eux-mêmes comme un ressort de sonnette. Ces Limaces de mer sont d'ailleurs, quoique fort intéressantes, des créatures irritables, querelleuses, voraces, qui se disputent leur proie avec acharnement et se battent entre elles avec fureur, se mordant et se mutilant souvent. Heureusement pour elles, leurs organes extérieurs, tentacules ou branchies, repoussent facilement. On fera donc bien de les mettre à part. L'*Éolide*, cependant, que l'on rencontre sur les Fucus, dont elle se nourrit, n'est pas aussi à craindre. C'est un petit Mollusque limaciforme, dont les branchies palmées sont disposées

Fig. 180. — Éolide.

par paires sur les côtés du corps. Ce joli petit nudibranche nage à la surface de l'eau, le corps renversé, et se sert de ses branchies comme de nageoires. C'est un fort joli petit hôte pour l'aquarium.

CHAPITRE IX.

LES CRUSTACÉS.

On rencontre à marée basse, sur les plages sablonneuses, des quantités de Crabes de toutes grandeurs, soit courant de côté sur le sable, soit barbotant dans les flaques d'eau, soit blottis sous les pierres. Mais les plus grosses et les plus belles espèces se retirent avec le flot, se cachent dans les grosses pierrailles ou dans des trous profonds. On les recherche habituellement, comme font les pêcheurs, à l'aide d'un bâton armé d'un crochet, dans les trous, les fentes des rochers, sous les pierres etc.

L'espèce qui se présente le plus habituellement à la vue est un petit Crabe verdâtre, tacheté de brun, parfois orange ou même brun foncé. Cette dernière couleur appartient plus particulièrement aux vieux individus, et, par conséquent, ceux revêtus de cette livrée sont moins propres à habiter l'aquarium. On les voit, les pinces élevées d'un air menaçant, courir rapidement d'un côté de la façon la plus grotesque, en quête de quelque flaque d'eau ou de quelque pierre qui puisse leur offrir un abri. C'est le Crabe ménade (*Carcinus mœnas*) ou Crabe en-

ragé. Sa petite taille et sa chair coriace le font dé-
daigner comme espèce comestible.

Il n'en est pas de même du Crabe tourteau (*Pla-
tycarcinus pagurus*), qui atteint 20 à 25 centimètres de largeur et un poids de 2 kilogrammes. Cette
espèce se tient soigneusement cachée dans les trous
des rochers ou sous les grosses touffes de Fucus,

Fig. 181. — Crabe enragé (*Carcinus mœnas*, L.)

comme si elle savait que les qualités de sa chair lui
font courir des risques sérieux. Lorsqu'en se retirant, le flot le laisse sur le rivage, il se met à courir
de travers d'un air inquiet, et semble se mettre en
garde en présentant ses grosses pinces en avant. Si
l'on fait mine de le saisir, il agite ses armes et les
fait claquer avec force, comme pour effrayer son
adversaire et se préparer au combat. Il faut d'ailleurs

user de prudence avec ces gros Crabes, car leurs pinces sont redoutables, et lorsqu'ils mordent, on ne peut leur faire lâcher prise facilement. Le Tourteau ne peut être introduit dans un aquarium qu'à la condition d'y être seul; sa grande taille et ses énormes tenailles en font un hôte par trop incommode et dangereux.

Parmi les petites espèces propres à peupler l'aquarium se présentent assez communément les *Xantho rivulosus* et *floridus ;* ce sont de petits Crabes de 3 à 5 centimètres de diamètre, à carapace d'un jaune verdâtre, tacheté de pourpre ou de violet; le second se reconnaît à ses pinces noires.

Toutes ces espèces se rencontrent plus fréquemment que les autres sur la plage, parce qu'elles ne nagent point et passent la plus grande partie de leur vie sur le sable ou dans les petites flaques d'eau du rivage. Elles se meuvent, à terre, avec assez de rapidité; mais, si on les jette dans une eau un peu profonde, elles se laissent tomber au fond, en agitant leurs pattes à la recherche de quelque point solide auquel elles puissent s'accrocher. Ces espèces inhabiles à la natation ont besoin de trouver dans l'aquarium quelque rocaille sortant de l'eau, sur laquelle elles puissent se reposer. On les reconnaît à leurs pattes postérieures étroites, arrondies ou triangulaires; tandis que chez les Crabes nageurs ces membres sont aplatis et élargis en forme de rame.

L'un des plus répandus parmi ces derniers est le Crabe laineux ou Étrille (*Portunus puber*); sa carapace, de forme rhomboïdale, est brune, couverte d'un duvet jaunâtre. Le dernier article de ses pattes postérieures est en ovale aplati, avec une ligne élevée dans son milieu comme une rame, conformation qui permet à ce Crabe de nager avec la plus grande facilité dans tous les sens. L'Étrille, à cause de sa vivacité, serait parfaitement placée dans un aquarium, si ses mœurs féroces n'en faisaient un voisin très-dangereux pour les petites espèces. Elle se tapit dans un coin, et, de là, guette ses compagnons de captivité, sur lesquels elle se rue à l'improviste. Je l'ai vue déchirer et dévorer, en moins de temps qu'il n'en faut pour l'écrire, deux jolis Palémons que j'avais eu l'imprudence de placer dans le même bocal qu'elle.

Un petit nageur très-vif et beaucoup moins dangereux est le *Portunus pusillus*; il n'a que 12 à 15 millimètres de longueur, et sa carapace très-bossuée est dépourvue de poils. Il en est de même du Crabe porcelaine (*Porcellana platycheles*), qui doit son nom au poli de sa carapace. Cette espèce est remarquable par la largeur de ses pinces, qui sont aplaties comme une lame de couteau. Le Crabe porcelaine vit sous les pierres, vers la limite des basses eaux; ses larges pinces sont garnies d'une frange de poils, au moyen desquels il balaie les eaux de façon à ramener vers sa bouche les particules de matière organique dont il se nourrit. Blotti dans son coin, jamais il ne se dérange pour courir après une proie.

Dans les mêmes parages, on pourra rencontrer de singuliers petits Crabes, auxquels la forme curieuse de leur corps et l'allongement démesuré de leurs pattes ont fait donner le nom de Crabes-Araignées. Tel est le Crabe-Faucheur (*Oxyrhynchus phalangium*); sa carapace, très-inégale, hérissée de pointes, a la forme d'un triangle dont la tête forme le sommet. Bien qu'il soit mauvais nageur, l'Oxyrhynque vit à une assez grande profondeur sous l'eau. Rien n'est grotesque comme de voir ces Crabes à longues jambes arpentant la grève et décrivant de grandes courbes en courant de côté.

Tous ces petits Crabes sont des hôtes non-seulement fort amusants, mais encore fort utiles dans un aquarium, lorsqu'ils veulent bien y vivre; car ils remplissent avec un zèle louable le rôle de nettoyeurs, et se conduisent d'une façon fort honnête envers leurs compagnons de captivité.

Les métamorphoses des Crabes sont un des sujets les plus intéressants à étudier. Ces animaux se reproduisent par des œufs que les femelles portent

sous leur ventre en quantité parfois considérable.
Dans beaucoup d'espèces, les petits sortent de l'œuf
avec une forme à peu près semblable à celle de leurs
parents; mais il en est d'autres chez lesquels le
jeune offre des différences assez considérables pour
qu'on l'ait pris pendant longtemps pour un tout
autre animal. Les Crabes du genre *Carcinus* nous

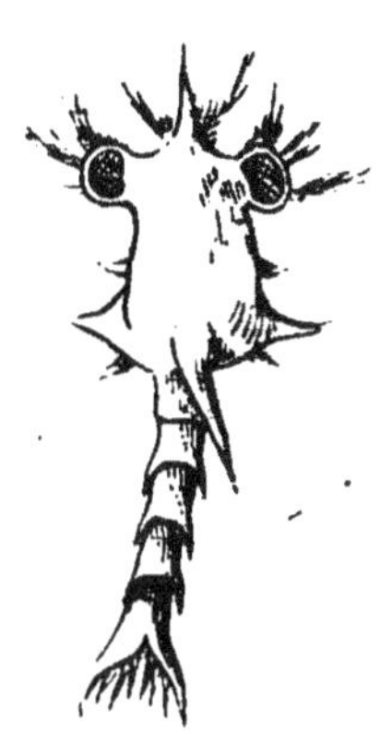

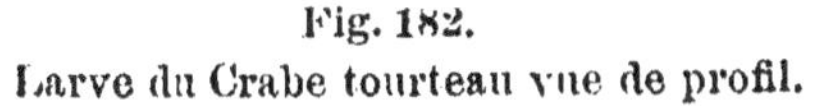

Fig. 182.   Fig. 183.
Larve du Crabe tourteau vue de profil.   Même larve vue en dessus.

en offrent un exemple remarquable. A sa sortie de
l'œuf, le jeune est un singulier petit être plein de
vivacité, pourvu d'une longue queue, de deux grands
yeux et le dos armé d'une longue épine. Comme on
le voit, ce portrait ne ressemble pas plus au Crabe
que le têtard ne ressemble à la grenouille ou la
chenille au papillon; et, en effet, à moins d'en
suivre tous les développements, il eût été impossible

de soupçonner une si proche parenté entre deux êtres si différents. Après chaque changement de peau, sa forme se rapproche de plus en plus de celle de l'animal adulte.

Un des Crabes les plus singuliers et les plus amusants à voir vaguer dans l'aquarium est le Bernard-l'Ermite (*Pagurus Bernhardus*). Moins favorisé que ses congénères, il n'a de cuirasse qu'en avant, c'est-à-dire à la tête et à la poitrine ; tout le reste n'est recouvert que d'une peau molle et peu résistante, qui le livrerait sans défense à la voracité des autres Crustacés mieux armés. Mais le Bernard connaît sa faiblesse et sait y parer, et il ne trouve rien de mieux que de cacher sa triste nudité, comme les Mollusques, dans une coquille. Seulement, comme il ignore l'art de bâtir, il lui faut trouver une maison toute faite. Il se met donc en quête, et lorsqu'il rencontre quelque bonne et forte coquille à sa taille, celle du Buccin par exemple, il s'en empare aussitôt. Il y entre à reculons pour y loger son abdomen, puis, à la moindre apparence de danger, il se renfonce dans sa forteresse, ne laissant passer que sa tête et ses grosses pinces dant il menace l'ennemi. C'est à cette habitude de se retirer ainsi dans sa coquille, comme un ermite dans sa cellule, qu'il doit son nom de *Bernard-l'Ermite*.

Le Pagure choisit naturellement une coquille proportionnée à sa taille ; aussi rencontre-t-on sur nos côtes des Ermites de toute taille, et habitant toutes sortes de coquilles ; lorsque, par suite de l'âge, sa coquille est devenue trop petite, l'animal la quitte pour en prendre une autre. Le Crabe est pourvu à

Fig. 184. — Bernard l'Ermite nu.

l'extrémité de sa queue d'une pince, au moyen de laquelle il se cramponne au fond de la coquille, et il s'y maintient si vigoureusement qu'on lui romprait plutôt le corps que de lui faire lâcher prise. Les Ermites ont toutefois des mœurs peu monacales ; ils sont turbulents et très-belliqueux, et lorsqu'on met deux de ces animaux en présence, ils ne manquent jamais d'engager la bataille. Ils se frappent de leurs pinces comme avec une massue, se mordent avec fureur, et se coupent souvent les pattes; il est vrai que celles-ci repoussent au bout d'un certain temps.

C'est un spectacle fort divertissant que le repas d'un Crabe: il saisit fort adroitement sa proie dans une de ses pinces, la dépèce avec l'autre et porte chaque morceau à sa bouche avec la gravité d'un gastronome armé de sa fourchette.

Fig. 185. — Bernard l'Ermite dans sa coquille.

Le meilleur moyen de transporter les Crabes est un panier rempli de Fucus humide; on peut les y conserver plusieurs jours sans eau. Ces animaux ont, pour la plupart, une vie amphibie, et ont besoin de rocailles émergées sur lesquelles ils puissent se reposer hors de l'eau. J'ai toujours remarqué que les Crabes maintenus dans l'eau périssaient plus promptement que les autres.

Tout le monde connaît le Homard et la Langouste, types de la famille des *Macroures* ou Crustacés à longue queue; mais ce sont des espèces trop grandes et trop bien armées pour les introduire dans un bassin de petite dimension. A leur défaut, on y pourra placer avantageusement les Crevettes ou Salicoques,

dont les nombreuses espèces vivent parfaitement
dans l'aquarium, qu'elles animent et embellissent
par leur vivacité et la délicatesse de leurs formes.
Rien n'est joli comme ces petits êtres au corps transparent, souvent peint de brillantes couleurs. Tels
sont le Crangon ou Crevette commune, d'un gris
verdâtre ponctué de brun ; le Palémon (*Palemon
serratus*), d'un tiers plus grand, remarquable par
son rostre allongé et dentelé en scie, et sa carapace
d'un rouge pâle; le *Palemon trilianus*, couleur de
chair pointillé de rougeâtre, avec des bandes d'un
rouge violacé sur l'abdomen. Ces charmants petits
Crustacés n'échappent que par leur vivacité à leurs
nombreux ennemis, et ceux-ci en font néanmoins
une consommation effrayante. La nature y a pourvu
en leur accordant une prodigieuse fécondité : les femelles pondent plusieurs fois par an des milliers
d'œufs, qu'elles portent sous la queue jusqu'au moment de leur éclosion. Les petits qui en sortent ne
ressemblent nullement à leurs parents. Ce sont de
singuliers petits êtres à grosse tête terminée par un
petit corps piriforme muni de chaque côté d'un ap-
pendice natatoire. Ces petites créatures vivent en société, et font, à quelque distance, l'effet d'un nuage
de particules blanches en mouvement. Lorsqu'ils
sont dans un aquarium, il est facile de les observer;
on n'a qu'à approcher une bougie du vase dans le-

Fig. 186 — Grangon commun (*Grangon vulgaris*, Fabr.)

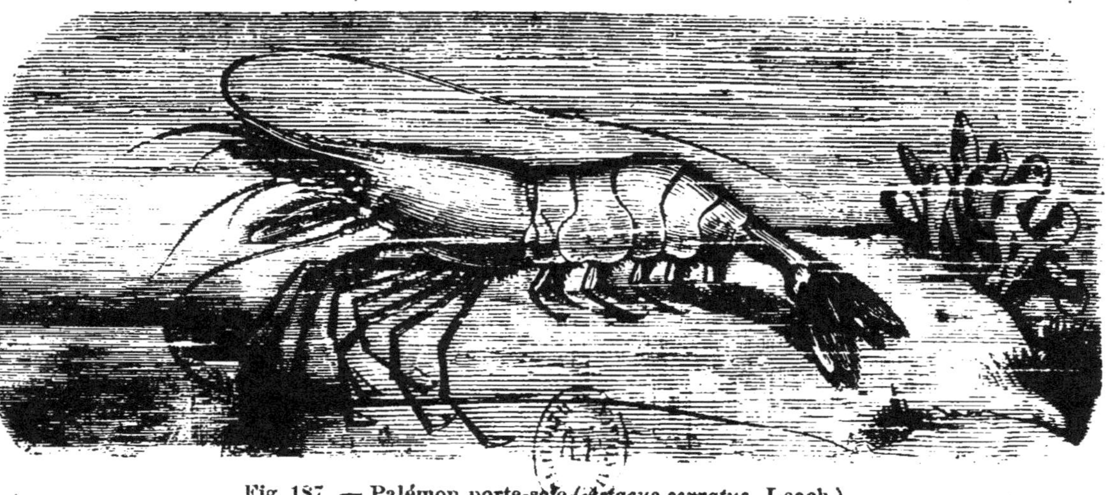

Fig. 187. — Palémon porte-scie (*Astacus serratus*, Leach.).

quel ils se trouvent, pour les voir accourir vers la lumière, comme font les phalènes ou les moucherons.

On trouve toutes ces espèces de Crevettes, soit à l'état de larve, soit à l'état parfait, dans toutes les flaques d'eau que laisse la mer en se retirant au reflux; mais il est fort difficile de s'en emparer, car elles filent avec la rapidité d'une flèche au moment où on croit les saisir, et leur couleur les fait confondre facilement avec le sable. Le meilleur moyen pour s'en emparer est de promener dans l'eau un filet de gaze. Ces petites espèces figurent très-bien dans l'aquarium et s'y nourrissent de tous les détritus ou des animalcules qu'elles y rencontrent; elles échappent assez facilement par leur vivacité aux Pagures et autres Crustacés voraces; mais elles sont très-délicates à transporter et meurent peu d'instants après qu'on les a retirées de l'eau.

Pendant les journées chaudes de l'été, on voit sauter sur la plage sablonneuse des myriades de petits animaux qui font l'effet de nuées de sauterelles; leur nombre est parfois tellement considérable que la crète des vagues en paraît couverte; ils grouillent dans les flaques d'eau de mer et sont en tas sous les touffes de Fucus. Il semble que l'on n'ait qu'à se baisser pour les ramasser à poignées; mais dès que l'on approche, il n'en reste plus un, le tas s'éparpille de tous côtés par bonds répétés. Lorsque, après une chasse active, vous serez parvenu à en saisir quelqu'un, vous verrez un petit crustacé de 10 à 12 millimètres de longueur, dont le corps, de couleur cendrée, est divisé en un grand nombre de segments et porte sept paires de pattes. C'est au moyen de leur queue, repliée sous leur corps et développée vivement comme un

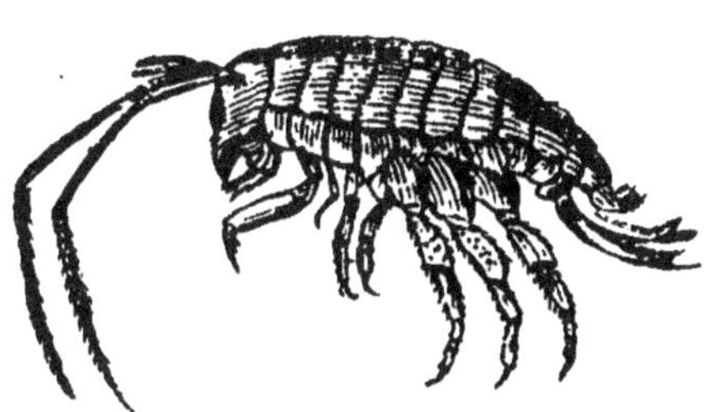

Fig. 188. -- Talitre.

ressort, qu'ils exécutent ces sauts prodigieux qui leur ont valu le nom de *Puces de mer*. Leur nom scientifique est *Talitrus saltator*, qui indique également leur talent de sauteur. Si on les observe dans l'eau, on verra qu'ils nagent, non pas dans la position horizontale comme les autres Crustacés, mais couchés sur le flanc. On peut aisément s'en procurer un grand nombre au moyen d'un filet de gaze. Ces petits animaux sont très-utiles dans l'aquarium, où ils maintiennent la pureté de l'eau, en dévorant tous les détritus qui la troublent ; malheureusement les gros mangeurs de la communauté, sans égards pour les services qu'ils rendent, croquent à belles dents les pauvres puces d'eau. On les voit disparaître en quelques jours, et des débris de carapace ou quelques membres épars sur le sable indiquent seuls que là vécurent des Talitres.

CHAPITRE X.

LES ANNÉLIDES.

En cherchant à la limite des basses eaux, parmi les pierres et les coquilles, on en trouvera un certain nombre couvertes de tubes calcaires singulièrement contournés et souvent même enchevêtrés les uns dans les autres. Chacun de ces tubes est fixé à la pierre ou à la coquille par son extrémité inférieure, puis, après avoir serpenté sur la moitié de sa longueur, ou s'être enroulé une fois ou deux sur lui-même, il s'élève en l'air. Ce tube paraît formé d'une seule pièce, et il est strié transversalement. Si l'on regarde dans l'intérieur de ces tubes, quelques-uns semblent vides ; dans d'autres, on aperçoit une petite masse rougeâtre qui en occupe le fond. Mais si on les place dans l'eau de mer, on voit, au bout d'un certain temps, s'élever au-dessus de chaque cornet une espèce de bouton rouge ou violet, qui s'épanouit bientôt comme une fleur et déploie enfin une couronne de tentacules plumeux comme un panache de pourpre. Mais n'approchez pas trop près, car au moindre choc, au moindre ébranlement du liquide, l'animal reploie son brillant diadème et

se replonge au fond de son tube. Ces animaux sont
des Serpules (*Serpula contortuplicata*). Si l'on tire
une Serpule de son tuyau, ce que l'on peut faire

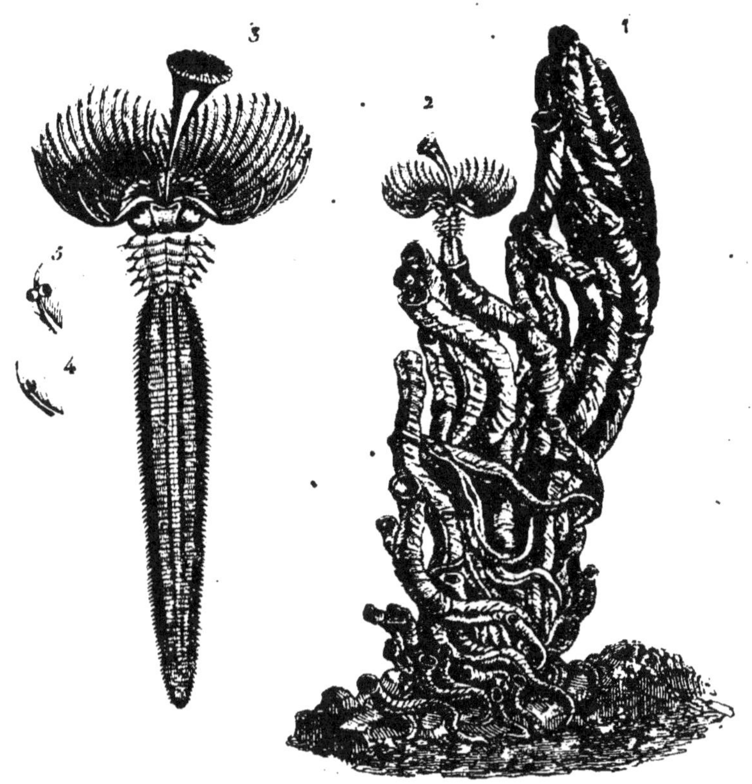

Fig. 189 à 192. — 1 Tubes de Serpules; 2 Serpule épanouie; 3 Serpule
hors de son tube.

aisément, l'animal y étant libre et non point fixé par
des muscles puissants, comme les Mollusques à leur
coquille, l'on verra un corps vermiforme, composé
de nombreux anneaux, dont chacun porte une paire

d'appendices ou pieds terminés par une soie. Les tentacules plumeux d'un rouge vif qui ornent sa tête sont ses branchies, ses organes respiratoires, que gonfle, en les colorant, un sang vermeil. C'est également au moyen de ces élégants panaches qu'il arrête au passage les animalcules qui constituent sa nourriture.

Ces animaux appartiennent à la classe des Annélides ou vers à sang rouge, et à la section des Tubicoles, c'est-à-dire de celles qui se construisent une demeure; car toutes n'ont pas cette industrie.

Toutes les Annélides tubicoles ne sécrètent pas leur tuyau d'une seule pièce, comme font les Serpules; il en est qui, comme les larves des Phryganes, les construisent pièce à pièce, au moyen de grains de sable, de petites coquilles ou de débris de toute sorte. Telle est la *Térébelle*, sorte de ver assez semblable à la Serpule, mais dont la tête est couronnée d'une touffe de cent à cent cinquante longs filaments, qui, comme les serpents de la tête de Méduse, s'étendent, se tordent et s'agitent dans tous

Fig. 193. — Térébelle.

les sens. Ces filaments sont ses bras. Lorsque l'Annélide veut changer de place, car elle ne fixe pas son tube comme la Serpule, elle allonge en avant quelques-uns de ses longs bras semblables à des vers, les fixe au sol, puis, les raccourcissant par la contraction, tire ainsi son corps en avant; c'est à l'aide de ces bras que la Térébelle construit son tuyau. C'est un spectacle merveilleux de les voir saisir au loin les grains de sable et les débris de coquilles, les ramener près d'elle, les disposer dans l'ordre nécessaire autour de son corps, où ils sont soudés ensemble par une humeur visqueuse fournie par l'animal, qui se trouve en fort peu de temps abrité dans une forteresse. Le tube de la Térébelle est d'ailleurs, il faut l'avouer, assez mal construit; composé de grains de sable et de débris de coquilles assemblés grossièrement, il est irrégulier et plein d'aspérités.

Il n'en est pas de même de celui que fait l'*Amphitrite*. Celui-ci a une régularité et un poli qui rappellent une mosaïque. Autant le premier est rugueux et inégal, autant celui de l'Amphitrite est lisse et d'une épaisseur égale dans toute son étendue, épaisseur qui ne dépasse pas celle d'une feuille de papier. L'Amphitrite porte sur les côtés de la tête plusieurs paires de branchies, qui figurent deux magnifiques peignes d'or; c'est à ce riche ornement qu'elle doit son nom scientifique de *Pectinaria au-ricoma;* mais elle n'a pas ces cent bras qui servent à la Térébelle pour marcher, nager et bâtir. Elle a

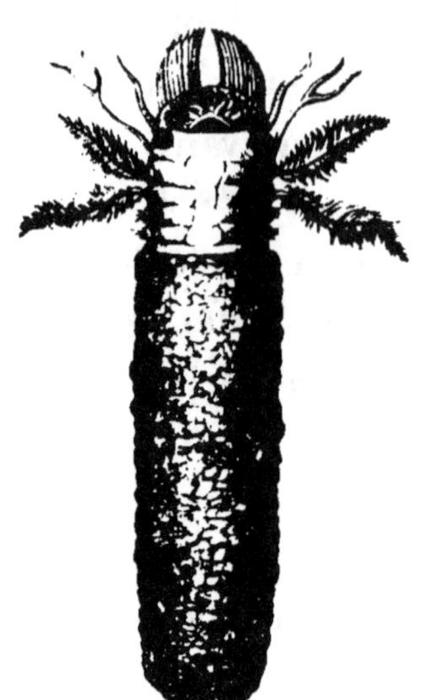

Fig. 194. — **Pectinaria auricoma.**

beaucoup plus de peine à construire sa maison et y apporte tous ses soins : aussi ne la quitte-t-elle pas aussi facilement.

On peut déposer dans l'aquarium les Serpules, les Térébelles et les Amphitrites; elles en seront même un dés plus beaux ornements; mais ces animaux demandent à être surveillés de près, car ils se laissent assez souvent périr au fond de leur tube, et il en résulte une horrible infection. De ce qu'une de ces Annélides passerait un jour entier ou même deux sans s'épanouir hors de son tube, il ne faudrait pas en conclure que l'animal est mort; mais si l'orifice se couvre d'une membrane blanchâtre, comme d'un linceul, c'est un signe certain que la mort a frappé l'habitant dans sa demeure, et il faut se hâter de l'enlever.

A côté des Annélides tubicoles ou sédentaires, dont les mœurs sont éminemment pacifiques, il en est d'autres auxquelles leur humeur vagabonde et guerrière a fait donner le nom d'Annélides errantes. Celles-ci, mieux conformées, quoique moins industrieuses, ont une tête distincte munie d'yeux et de solides mâchoires. C'est cachées sous les pierres ou dans la vase, vers la limite des basses eaux, que nous les trouverons. L'une des plus communes et en même temps des plus remarquables est l'*Aphrodite*, et nous verrons, quand elle sera débarrassée de la vase dont elle est presque toujours couverte, qu'elle est en effet, par sa beauté, digne de son nom. Sa forme ovalaire rappelle un peu celle d'une énorme limace ; elle atteint jusqu'à 1 décimètre de long. Son corps est couvert en dessus d'un feutrage soyeux et brillant, sous lequel sont cachées quinze paires de plaques écailleuses qui recouvrent les branchies ; les côtés du corps sont garnis d'une bordure flottante, formée par des faisceaux de soies très-longues. Cette magnifique robe de soie, où toutes les nuances du prisme se mêlent aux reflets de l'or et de l'acier bruni, ne le cède en richesse ni au plumage du colibri ni aux ailes du papillon des tropiques. Mais ces longs poils brillants d'or, ces aigrettes étincelantes de rubis et d'émeraudes ont un but plus utile à l'animal qu'on ne le pourrait croire tout d'abord. Placez quelques-uns de ces poils sur le porte-objet d'un microscope, et vous y reconnaîtrez des armes

de formes aussi variées que celles d'un arsenal. Ce
sont des lames à double tranchant, des poignards
qui rappellent par leur forme le yatagan des Arabes,
le kriss des Javanais, la javeline barbelée des Ca-
raïbes, le cimeterre des Turcs ; ce sont des harpons,
des gaffes, des épieux ; enfin tout ce que l'on peut
imaginer en fait d'armes. On comprend que l'Aphrodite ainsi hérissée est un voisin incommode pour
tous ceux qu'une solide carapace ou une coquille

Fig. 195. — Aphrodite.

épaisse ne met pas à l'abri. C'est une créature dangereuse, qui abuse envers les êtres faibles de ses
dards acérés, ainsi que de ses redoutables mâchoires. Elle mérite à tous égards un cabanon particulier.

Beaucoup moins bien armée et moins dangereuse
est la *Néréide*, ver au corps allongé, linéaire, composé d'une centaine d'anneaux, et rappelant l'aspect
de nos Millepieds terrestres. Sa tête porte quatre
antennes et quatre yeux ; ses branchies sont en forme
de languettes charnues et insérées à la naissance des

pieds. Une particularité assez singulière des habitudes de cette Annélide est de chercher un abri dans les coquilles habitées par le Crabe ermite. L'on s'aperçoit de sa présence au moment du repas ; on voit tout à coup le ver mystérieux allonger la tête de derrière le Crabe, lui arracher le morceau de la bouche et se replonger aussitôt au fond de la coquille. C'est au genre des Néréides qu'appartient ce petit. ver filiforme et phosphorescent qu'on trouve assez fréquemment dans les huîtres.

CHAPITRE XI.

LES RADIAIRES OU RAYONNÉS.

Les Radiaires ou animaux rayonnés fourniront à l'aquarium le plus grand nombre de ses habitants, et ce ne seront point les moins intéressants. Leur nom vient de leur conformation radiée, ou, en d'autres termes, de ce que leurs organes sont disposés symétriquement autour d'un centre commun. Ce sont les Étoiles de mer ou Astéries, les Oursins, les Actinies.

Les Oursins, que l'on rencontre assez communément dans les fentes des rochers ou sous les pierres, à marée basse, sont de petites balles hérissées d'épines délicates, variées de lilas et de vert (*Echinus miliaris*). L'animal, mou et gélatineux, est renfermé dans cette enveloppe dure et épineuse, comme une châtaigne dans sa coque. A l'intérieur de cette boîte calcaire est tendue la membrane qui relie et maintient les organes de l'animal. Cette cuirasse, calcaire comme la coquille des Mollusques, et de forme globuleuse, est composée d'une quantité innombrable de petites pièces polygonales disposées par bandes régulières, comme les côtes d'un melon.

et couvertes de petits mamelons, sur lesquels sont fixées des épines raides et cassantes. C'est à ce dernier caractère que ces animaux doivent leurs noms d'Oursins, de Hérissons, de Châtaignes de mer, ou celui plus scientifique d'*Échinides*, qui a la même signification. Ce n'est que lorsqu'ils sont vivants que les Oursins déploient ce luxe d'épines; ceux que l'on découvre en assez grand nombre sur la plage

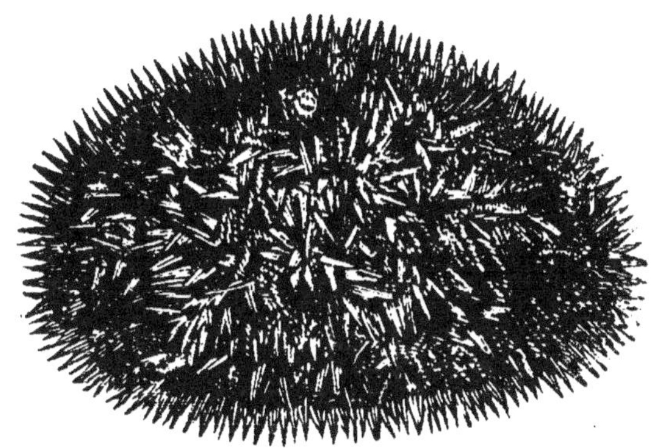

Fig. 196. — Échinide (Oursin).

en sont dépourvus; les vagues, en les roulant sur le sable, les en ont dépouillés. Le nombre des pièces qui composent la carapace des Oursins est considérable; on a compté sur un de ses animaux neuf cent cinquante pièces polygonales, sur lesquelles étaient distribuées quatre mille cinq cents épines. Les Oursins progressent en roulant sur leurs épines, et au moyen de petits pieds tubuleux et rétractiles qui sortent par les innombrables petits trous dont l'enveloppe est criblée. Au point où convergent toutes les bandes de l'enveloppe, c'est à-dire au centre même du disque, en dessus, se trouve la bouche, grande ouverture armée de cinq dents très-fortes, au moyen desquelles ils se creusent des retraites dans le roc. On trouve, en effet, à marée basse, dans les roches que la mer ne découvre que pendant quelques instants, des cavités arrondies de toutes dimensions, depuis la grosseur d'une noisette jusqu'à celle d'une pomme, occupées par des Oursins de tout âge.

Il n'est point de formes bizarres dont le règne animal ne nous offre des modèles, et la faune maritime est, sous ce rapport, encore plus variée que la faune terrestre. Tous les jours les vagues rejettent sur le rivage des animaux singuliers, auxquels leur forme a fait donner le nom d'Étoiles de mer, et ils ressemblent en effet aux étoiles, telles qu'on les représente dans les arts. Les naturalistes leur ont donné le nom d'*Astéries*. L'espèce la plus commune sur nos côtes est l'Astérie à cinq rayons (*Asteria rubens*); son corps aplati se prolonge en cinq rayons à peu près égaux et semblables. La face supérieure est couverte d'une peau dure et chagrinée, d'un rouge sombre, quelquefois violacée; au centre de la face inférieure, qui est de couleur claire, est placée la bouche armée de dents. Si l'on examine un rayon en dessous, on verra qu'il est divisé dans toute sa longueur par une rainure, de chaque côté de laquelle sont deux rangées de petites ouvertures, par où sortent des tentacules ou pieds tubuleux et rétractiles, comme ceux des Oursins.

Les Étoiles de mer se trouvent en très-grande abondance sur la grève, à marée basse; celles que l'on ramasse à sec paraissent généralement mortes ; mais elles ne sont le plus souvent qu'engourdies, et si on les place dans l'eau de mer, elles reprennent bientôt l'existence. Une Astérie bien vivante donne des signes d'activité au bout de quelques minutes; on là voit bientôt projeter en avant ses pieds à ventouses, puis s'avancer lentement et glisser en quelque sorte sur le sol. Si quelque pierre ou quelque autre obstacle s'oppose à sa marche, l'Astérie ne s'en émeut nullement; les rayons de l'animal sont doués d'une singulière souplesse et embrassent les objets sur lesquels ils s'appliquent, de manière à en épouser la forme, et l'animal peut ainsi escalader des roches à pic, retenu par ses innombrables pieds à ventouses.

Les Étoiles de mer ont la faculté de reproduire les portions de leur corps dont elles ont été privées, et cette faculté de reproduction est même portée à un tel point, chez ces animaux, que non-seulement ils refont sans peine les parties de leur corps qui leur sont enlevées, mais que chaque portion importante retranchée de leur corps peut devenir une Étoile complète. Bien qu'ils puissent ainsi se reproduire de boutures, ces Rayonnés pondent de très-grandes quantités d'œufs.

. Les Astéries sont très-voraces, et, malgré l'étroitesse apparente de leur bouche, elles avalent parfois des proies énormes. On les voit souvent s'attaquer à des Mollusques de moyenne taille, qu'elles engloutissent avec leur coquille; pour cela elles font saillir au dehors la membrane de leur estomac, en enveloppent leur proie et la font ensuite rentrer avec le corps qu'elle embrasse dans leur intérieur; puis, lorsque la proie est digérée, elles rejettent la coquille. L'Astérie est d'ailleurs, à ce que l'on prétend, un animal redoutable pour les grands Mollusques comme pour les petits. L'Huître surtout deviendrait sa victime, et voici comment : l'Étoile attend patiemment que le Mollusque entr'ouvre ses valves, et elle injecte alors dans la coquille un liquide vénéneux sécrété par son estomac, et qui produit sur l'Huître l'effet d'un anesthésique; elle ne peut plus rapprocher ses valves, et devient ainsi la proie de l'empoisonneur, qui l'arrache de sa maison. Après ce que nous venons de dire, il est inutile d'ajouter que l'on ne devra pas mettre des Astéries côte à côte avec des Mollusques, pour peu que l'on tienne à conserver ceux-ci.

On trouve, avec l'Astérie rouge ou violacée, une autre espèce à cinq branches, de plus grande taille et de couleur orangée (*Asteria aurantiaca*).

Le nombre des rayons des Étoiles de mer n'est pas toujours limité à cinq ; ce nombre est parfois plus considérable. L'une des plus belles espèces de nos mers, le *Solaster papposa*, a douze rayons attachés à un large disque de couleur écarlate. Rien n'est

Fig. 197. Soleil de mer (*Solaster papposa.*)

beau comme cette Étoile, lorsqu'elle s'épanouit au soleil comme un dahlia vivant.

On rencontre assez fréquemment, sur les roches qui découvrent à marée basse, un autre genre d'Astérie fort singulier, c'est l'*Ophiura lacertosa*, dont les rayons très-déliés sont garnis d'écailles imbriquées qui les font ressembler à des queues de lézard, d'où leur nom scientifique d'*Ophiura* (queue de serpent). On dirait d'un petit Oursin, à la circonférence duquel seraient attachés cinq petits serpents. Ces rayons, très-grêles, très-allongés, sont aussi mobiles, mais aussi fragiles que la queue du lézard.

Une particularité singulière, c'est que, lorsqu'un
de ces Ophiures se trouve dans une eau trouble et
sale, il perd ses rayons les uns après les autres,
morceau par morceau, jusqu'à ce qu'il ne reste plus
que le disque ; dans cet état, il continue cependant
à vivre et à manger.

Lorsque la mer vient de se retirer, on voit certains points de la roche humide couverts de petites

Fig. 198. — Ophiure (Étoile de mer).

masses de gelée verte ou rouge, variant, pour la
taille, depuis celle du pois jusqu'à celle de la prune.
Ces masses lisses et polies offrent une certaine résistance sous le doigt ; elles sont immobiles et collées
au rocher, et n'ont aucune apparence d'animalité ;
mais si vous avancez un peu plus loin, là où une
mince nappe d'eau couvre encore la roche, vous
jouirez d'un tout autre spectacle : les petites masses

charnues se sont ouvertes, ou plutôt changées en
fleurs, dont les nuances agréables et variées ne le
cèdent en rien aux plus belles fleurs de nos serres;
de plus, ces fleurs sont animées et agitent dans tous
les sens leurs brillants pétales. Ce sont en effet des
animaux, des Anémones de mer, ou, pour leur
donner leur nom scientifique, des *Actinies*. Leur
nom d'Anémone de mer leur vient de ce qu'ils ressemblent en effet beaucoup plus à une fleur qu'à un
animal; celui d'Actinie (de *aktin*, rayon) indique
leur conformation radiée ou en étoile. Si vous observez de plus près ces êtres singuliers, vous reconnaîtrez un corps en forme de bourse, fixé par sa
base au rocher et se terminant supérieurement par
un très-grand nombre de tentacules ou cornes charnues, disposées sur plusieurs rangs circulaires, et
au milieu desquelles se trouve la bouche. Celle-ci
sert d'ouverture à l'estomac, qui est un sac sans
autre issue. Si vous touchez une de ces Actinies
épanouies, elle se contracte et se referme aussitôt,
et vous n'avez plus sous les yeux qu'une petite masse
charnue.

Pendant que l'Anémone étale sa brillante collerette de tentacules, si un petit ver ou un jeune poisson dépourvu d'expérience vient s'y heurter étour-
diment, par un brusque mouvement la fleur animée
replie ses pétales et précipite la victime dans le

gouffre béant de son estomac. Les Anémones sont voraces et vigoureuses : on les voit s'attaquer souvent à des animaux robustes et très-bien défendus, tels que de gros coquillages et des Crabes, qu'elles font entrer bon gré mal gré dans leur sac digestif, en les y poussant avec leurs tentacules, qu'elles referment par-dessus. Puis, lorsqu'elles ont digéré leur proie, elles en rejettent le résidu par la bouche, en renversant leur estomac. Les Actinies paraissent jouir d'une grande force musculaire; on les voit saisir de petits poissons, des Crabes de la largeur d'une pièce de deux sous, les enlever et les plonger dans leur estomac, malgré leur résistance et leurs efforts désespérés. Si, pour se rendre compte de cette force, on présente le doigt aux tentacules de l'Actinie, on éprouve, au contact de ceux-ci, la sensation grippeuse d'une lime, sensation dont le microscope peut seul donner le secret. Si donc on soumet au foyer d'une forte lentille un fragment de ces tentacules, on découvrira qu'il est parsemé de petites vésicules, renfermant dans leur intérieur un long fil délié, roulé comme le spirale d'une montre dans son barillet, et ce fil, cent fois plus fin que le plus fin cheveu, a la force du spirale d'acier auquel nous l'avons comparé. Lorsque l'Actinie saisit un animal avec ses tentacules, la pression fait ouvrir les capsules, et le filament qu'elles renferment se détend comme un ressort. Il est à présumer que ces petites lignes distillent un poison mortel pour les êtres faibles, ou qu'elles possèdent quelque vertu électrique analogue à celle des filaments de certains Zoophytes, dont le contact semble foudroyer les petits animaux qu'ils rencontrent. On a vu des poissons se coucher sur le flanc et mourir au simple contact d'une Actinie.

Les Actinies se fixent au moyen de leur pied, dont elles soulèvent le centre de manière à former ventouse, et elles sont alors si solidement attachées, qu'on ne saurait les détacher sans les déchirer. Ce sont des animaux très-peu remuants et qui restent des mois entiers fixés à la même place; cependant ils se déplacent, en glissant lentement sur le pied, ou se laissent emporter par le flot.

Comme la plupart des animaux inférieurs, les Anémones jouissent de la faculté de reproduire les parties enlevées. On peut les mutiler de toutes les façons, et toujours les fragments reconstituent de nouvelles Anémones, et les individus amputés se recomplètent. Si l'on coupe une Anémone transversalement par le milieu du corps, la partie inférieure reste attachée, et bientôt il se produit à son sommet une couronne de tentacules, l'animal est redevenu complet. Quant à la partie supérieure de l'Actinie, celle qui portait les tentacules, elle n'a plus de fond; c'est comme le tonneau des Danaïdes, elle continue à manger, mais la nourriture sort immédiatement par le fond, ce qui ne fait pas son affaire; elle se resserre alors et se ferme, et il s'organise une nouvelle base. Malgré leur voracité, les Actinies peuvent supporter des jeûnes prolongés, même de plusieurs mois; elles s'amoindrissent alors au point de se réduire au dixième de leur masse primitive; mais, avec l'abondance, leur corps reprend rapidement son premier embonpoint.

L'espèce la plus répandue sur nos côtes est l'Anémone rousse (*Act. Mesembrianthemum*); on la trouve en grand nombre sur les roches émergées à marée basse, sous forme de petites masses vertes ou rouges et passant par toutes les nuances entre ces deux couleurs. Pour les détacher du rocher auquel elles sont fixées, il faut doucement soulever un côté de leur pied ou base, en y glissant l'ongle du pouce ou la pointe arrondie d'un couteau d'ivoire, de manière à faire rentrer l'air sous la ventouse; sans cela vous ne les en arracheriez que par morceaux. Un moyen plus expéditif et meilleur est de les enlever instantanément avec la portion de roc auquel elles adhèrent, au moyen du marteau de géologue ou du ciseau à froid. Lorsqu'on les aura placées dans un vase rempli d'eau de mer, elles se détacheront d'elles-mêmes. Cette espèce a la singulière habitude, lorsqu'on l'irrite, de lancer avec force l'eau contenue dans sa poche stomacale, ce qui lui a valu, de la part des pêcheurs, le sobriquet peu poli de *Pisseuse*.

L'Anémone rousse peut, sans inconvénient, passer plusieurs heures hors de l'eau; mais elle reste alors contractée. Peu d'instants après avoir été placée dans l'aquarium, elle développe ses tentacules, et l'on peut alors l'admirer dans tous ses détails. Entre autres particularités remarquables, elle porte tout autour de la base des tentacules une couronne formée de globules d'un bleu brillant, comme celui de la turquoise. C'est d'ailleurs un animal robuste, qui supporte fort bien le voyage, emmailloté dans des Algues humides, et qui résiste là où ses compagnons se laisseront périr d'épuisement; et, comme ses couleurs varient à l'infini, c'est l'espèce la plus propre à orner un aquarium. Un bassin bien fourni d'Actinies offre un coup-d'œil ravissant; on dirait un parterre orné des plus belles fleurs. Leurs espèces et leurs variétés sont innombrables, et la plupart vivent et se reproduisent parfaitement dans un aquarium bien entretenu. L'Actinie rousse surtout se propage rapidement, et c'est un spectacle fort intéressant que celui d'une couvée d'Anémones roses ouvertes, de la grosseur d'un pois, agitant leurs tentacules déliés comme des fils à la recherche de quelque petite proie microscopique.

A l'abri de la lumière, dans les fentes des rochers, et surtout suspendue à la partie supérieure des excavations, se trouve l'Anémone à cornes épaisses (*Bunodes crassicornis*) ; c'est une des plus grandes, et elle atteint parfois jusqu'à 1 décimètre de diamètre. Lorsqu'elle est épanouie, on pourrait la comparer à un Dahlia. Ses tentacules sont courts et épais, mais peints de couleurs brillantes, et variées à ce point qu'il est rare d'en trouver deux absolument semblables ; on en voit d'écarlates, de roses, de lilas, de grises, de vertes, et toutes ces nuances sont tellement fines et transparentes, que le pinceau le plus habile ne saurait les rendre fidèlement. Lorsqu'on la touche, elle se contracte et se réduit à rien ; mais replacée dans l'eau de mer, elle ne tarde pas à épanouir de nouveau sa brillante couronne.

Les deux espèces dont nous venons de parler sont certainement fort belles et dignes de toute notre attention ; mais il en est d'autres moins communes et tellement jolies qu'elles méritent bien que l'on se donne un peu plus de peine pour les trouver. L'une d'elles est l'Actinie verte (*Act. viridis*), d'un beau vert émeraude, qui déploie ses tentacules délicats sur les roches placées à l'extrème limite des basses eaux ; une autre est la Pâquerette de mer (*Act. Bellis*), qui ressemble, lorsqu'elle est épanouie, à une petite marguerite des prés. Cette dernière fixe sa

base dans quelque trou ou quelque crevasse de rocher, au-dessus duquel elle épanouit ses tentacules
blancs rayonnants; mais il est difficile de s'en emparer; car, à peine l'a-t-on touchée, qu'elle se con-

Fig. 199 à 203. — 1 Bunodes crassicornis. — 2 Sagartia viduata. —
3 Actinia equina. — 4 Actinia Mesembrianthemum. — 5 Actinia
Dianthus.

tracte en une petite masse bleuâtre à peine grosse
comme une merise, et qu'on ne peut extraire de son
trou sans la déchirer. Il faut alors employer avec
habileté, pour la dégager, le ciseau et le marteau.
D'autres encore, telles que la *Sagartia viduata*,

l'*Actinoloba Dianthus* ou Anémone plumeuse, l'*Anthea Cereus*, vivent bien dans l'aquarium et figurent parmi les espèces les plus remarquables. Une espèce, l'Anémone parasite (*Actinia parasitica*), élit domicile sur la coquille des Mollusques et fort souvent sur celle habitée par le Crabe ermite. Dans ce cas, le Crabe la promène partout avec lui, et non-seulement il ne lui fait jamais de mal, mais il semble même s'établir entre eux une amitié réciproque, et l'on a vu un de ces Crustacés, obligé de quitter sa coquille devenue trop étroite, solliciter l'Actinie, en la tirant doucement avec ses pattes, de quitter l'ancienne coquille pour s'établir sur la nouvelle.

CHAPITRE XII.

LES ZOOPHYTES, BRYOZOAIRES, INFUSOIRES.

Parmi les animaux les plus singuliers que produit la mer, sont les *Zoophytes* ou animaux-plantes, que les anciens naturalistes ont longtemps pris pour de de véritables végétaux. Le type de ce genre d'animaux est le Corail, qui, comme l'on sait, a l'apparence d'un petit arbre très-ramifié, formé de matière calcaire, recouverte d'une écorce de substance gélatineuse, au milieu de laquelle vivent, dans de petites cellules, des milliers de petits animaux nommés *Polypes*.

Bien que chaque Polype paraisse indépendant, tous ont une vie commune, et communiquent ensemble par des canaux très-fins. Chacun d'eux est soudé à ses voisins par sa partie inférieure, mais son extrémité supérieure reste libre et isolée. Un Polypier n'est, en réalité, qu'une hydre à mille têtes. De chaque cellule sort un petit Polype, transparent comme du cristal, qui s'avance au dehors et épanouit huit petits bras ou tentacules qu'il agite constamment en quête des corpuscules invisibles dont il fait sa nourriture. Les formes élégantes et variées de ces

Zoophytes rappellent en effet si exactement celles des fleurs, et leur habitation a si bien l'aspect d'une plante, qu'au premier abord on pouvait facilement se méprendre sur leur nature.

Le Corail et les Madrépores n'habitent que les mers chaudes et profondes; leurs représentants sur nos côtes sont de fort petits Polypiers, dont l'orga-

Fig. 204. — Sertulaire.   Fig. 205. — Rameau grossi.

nisation très-remarquable ne peut être étudiée qu'à l'aide du microscope. La plupart ont l'aspect de petits arbustes nains d'une délicatesse et d'une élégance extrèmes; mais, à l'aide d'une forte loupe, on reconnaît qu'elles sont composées d'une infinité de petits cornets ou cellules assemblés de diverses façons. Telles sont les Sertulaires, les Plumulaires, les Cellulaires etc. Tous ces petits organismes, d'une structure merveilleuse, sont fixés aux plantes ma-

rines, aux pierres, aux coquilles, et souvent même
à la carapace des Crustacés.

On remarque aussi fréquemment sur les Algues,
les coquilles et tous les autres corps plongés dans
l'eau, une sorte de croûte
mince, rude au toucher,
plus ou moins étendue,
ayant l'apparence d'une
sorte de teigne. Cette matière, examinée au microscope, révèle les formes
les plus merveilleuses ;
c'est une agrégation d'animalcules logés dans des
cellules. Ces animalcules,
comparables aux Polypes,
sont des *Bryozoaires* ou

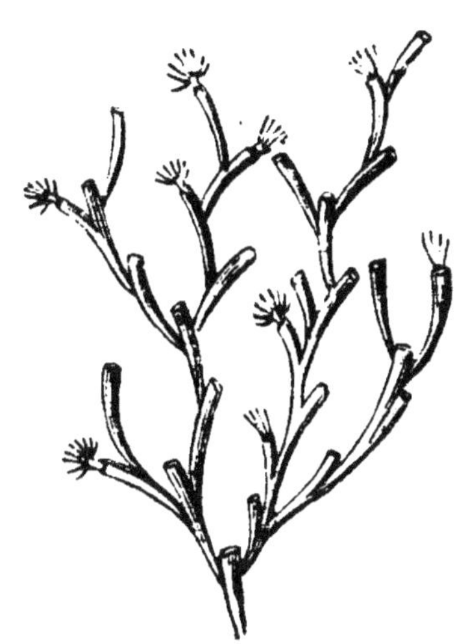

Fig. 206. — Cellulaire.

animaux mousse. Tels sont les Eschares et les Flustres. Les premiers sont composés d'une quantité
prodigieuse de petites cellules à parois communes,
disposées par séries régulières comme les écailles
des poissons ou les tuiles d'un toit, et appliquées
très-intimement sur les surfaces ; elles couvrent parfois les Algues et les coquilles au point de ne pas
laisser à nu un pouce de leur tissu.

Les *Flustres* diffèrent des Eschares ou *Lepralia*
en ce qu'elles forment une espèce de Polypier indé-

pendant, composé de deux plans de cellules, unies dos à dos, comme les gâteaux d'une ruche d'abeilles. L'espèce la plus remarquable et en même temps la plus commune est la *Flustre foliacée*, dont on trouve fréquemment des fragments ou des touffes sur la plage. Elle a la forme et l'apparence d'un Fucus très-ramifié, à frondes aplaties; sa couleur est un blanc jaunâtre, assez semblable à celle du parchemin. Lorsqu'on passe le doigt sur la surface des

Fig. 207 à 209. — Lepralia.

frondes ou plutôt des lames du Polypier, on éprouve une sensation râpeuse, produite par les innombrables cellules bordées d'épines qui le composent.

Les Polypiers, les Eschares, les Flustres fournissent pour le microscope les plus beaux sujets d'étude; on les recueillera donc avec soin, mais dans des bocaux particuliers; non-seulement il est dangereux de les mettre dans l'aquarium, où, par leur mort et leur décomposition rapide, ils finissent par corrompre l'eau; mais il faut encore avoir soin de les enlever de dessus les éclats de roche, les Algues et les coquilles qu'ils recouvrent très-souvent.

Les eaux sont peuplées de légions innombrables d'êtres infiniment petits. On peut dire que chaque goutte d'eau est un monde ; monde extraordinaire dans lequel nous ne pouvons pénétrer qu'à l'aide du microscope. Ces animalcules nagent comme des poissons, rampent comme des serpents, roulent et tournoient sur eux-mêmes comme des sphères célestes dans l'espace. Et ce qu'il y a de plus surprenant, c'est que ces infiniment petits ont souvent

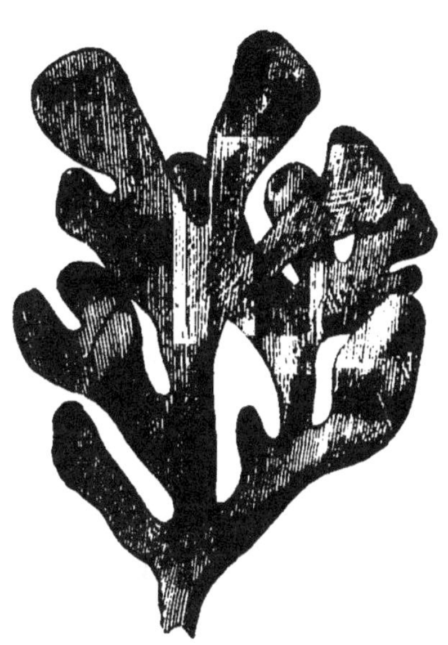

Fig. 210. — Flustre foliacée.

des parasites encore plus petits, qui, eux-mêmes peut-être, servent de demeure et de pâture à de plus petits encore. Parmi ces animalcules marins, il en est beaucoup qui engendrent la lumière, comme la Torpille engendre l'électricité ; c'est à leur accumulation extraordinaire à la surface des vagues, à certaines époques, qu'est dû le merveilleux phénomène de la phosphorescence de la mer.

Outre l'intérêt qu'offre l'étude microscopique des infusoires, leur présence dans l'aquarium est, nous l'avons dit, une bonne condition pour la conservation de la pureté des eaux. Ils absorbent les particules de matière organique en suspension et l'acide carbonique, et contribuent à l'oxygénation du liquide.

TABLE DES CHAPITRES.

TABLE DES MATIÈRES

ET DES FIGURES

PAR ORDRE ALPHABÉTIQUE.

FIN DE LA TABLE DES MATIÈRES.

BIBLIOTHÈQUE HYGIÉNIQUE DES FAMILLES

L'ALLAITEMENT MATERNEL

AUX POINTS DE VUE

DE LA MÈRE, DE L'ENFANT ET DE LA SOCIÉTÉ

Par le Dr BROCHARD

Lauréat de l'Institut et de l'Académie de Médecine
Médecin de l'état civil de Bordeaux

OUVRAGE COURONNÉ PAR LA SOCIÉTÉ PROTECTRICE DE L'ENFANCE
Édition populaire, 1 vol. in-18, relié; prix, 1 fr.

Le docteur Brochard, après avoir révélé l'horrible *Mortalité des Nourrissons en France*, démontre par des chiffres irréfutables «que toute «femme qui ne nourrit pas son enfant et le confie à une nourrice mercenaire *double et triple* pour lui les chances de mortalité.» Ce livre s'adresse donc à tous les pères et à toutes les mères de famille, mais il s'adresse également aux moralistes et aux économistes, car il démontre que l'allaitement mercenaire est une cause de démoralisation pour les campagnes et qu'il fait périr tous les ans plus de *cent mille nouveau-nés*.

Nous citons quelques extraits des analyses qui ont été faites de cet ouvrage. Voici ce qu'en dit le docteur Foissac dans l'*Union médicale:*

«Tout, dans ce travail, est science pratique, excellente observation, «judicieux conseil.... En lisant l'ouvrage du docteur Brochard, on se «sent, non-seulement convaincu, mais encore on est entraîné.» Nous «répéterons après un savant prélat, Mgr Donnet, que l'auteur a fait un «bon livre et en même temps une bonne action. Il est destiné à corriger «des abus révoltants, à dissiper certains préjugés, à raffermir quelques «courages défaillants, à porter des consolations et des encouragements «dans le cœur des jeunes mères. Nous les engageons toutes à consulter «un livre, qui est le code de leurs devoirs et sera le guide de leur inex-«périence.»

Le Conseiller des Dames termine ainsi un excellent article bibliographique sur ce volume: «Que toutes les mères lisent l'ouvrage du docteur «Brochard sur l'*Allaitement maternel,* et bientôt la nature reprendra ses «droits.»

LES · PENSÉES

HISTOIRE — CULTURE — MULTIPLICATION — EMPLOI

Par J. BARILLET

Jardinier en chef de la ville de Paris

Ouvrage in-4° orné de 27 Vignettes et de 25 Chromolithographies tirées sur papier teinté

EXÉCUTÉES A L'IMPRIMERIE IMPÉRIALE DE VIENNE D'APRÈS LES SPÉCIMENS

DE F. LESEMANN

Jardinier en chef à Hietzing, près Vienne

Ouvrage de Luxe tiré à 200 exemplaires.

Le répertoire du jardinage d'agrément est devenu si vaste que, par la force des choses, il a dû être scindé en de nombreuses catégories ou spécialités, qui comptent chacune leurs partisans. Pour ceux qui aiment les teintes brillantes, les plantes à feuillage coloré n'ont pas de rivales dans leurs affections. Pour d'autres, qui sont restés fidèles aux traditions du passé, rien n'égale les roses, les œillets, les pensées, les anémones, les tulipes, les jacinthes, et toutes ces charmantes fleurettes de collection, si aimées de nos pères.

De cette variété de goûts, sont nés tous les progrès de l'horticulture, et c'est d'elle aussi que vient le principal attrait des jardins modernes, qui présentent dans leur ensemble tous les styles et tous les aspects.

Le livre sur lequel nous appelons plus particulièrement l'attention représente un choix des plus charmantes variétés de l'ensée. En publiant cet ouvrage de luxe, nous le dédions aux dames qui en sont de si justes admiratrices, et à l'élite des amateurs passionnés de l'horticulture, aux yeux de qui l'art ne rivalise pas en vain avec la nature.

Du reste, c'est pour ce beau volume, si digne de figurer sur la table de nos salons, que M. Barillet, jardinier en chef de la ville de Paris, a bien voulu écrire quelques notices sur l'histoire, la culture, la fécondation, la multiplication et l'emploi décoratif des Pensées. Enfin, nous sommes redevables à M. Lesemann, jardinier en chef à Hietzing, près Vienne (qui a su créer, par la fécondation artificielle, ces belles variétés de Pensées), des types mêmes que nous reproduisons dans tout leur luxe, et avec une vérité de coloris parfaite. On voit, par suite, que l'œuvre ne laisse rien à désirer, et que l'art et la science horticoles ont tout fait pour le rendre instructif et charmant.

Notre belle Publication n'est tirée qu'à 200 exemplaires ; les dessins des chromolithographies sont effacés. Les 25 Pensées que nous reproduisons sont tirées avec la plus grande perfection sur un papier teinté, et le texte est orné de 27 vignettes.

Prix du volume, grand in-4°, imprimé avec le plus grand luxe, broché, 35 fr. ; en demi-reliure maroquin, 40 fr. ; en reliure de luxe et à coins, 45 fr. — Dix exemplaires sont imprimés sur papier de Hollande. Broché, prix : 50 fr.; relié, 60 fr.

LES PROMENADES DE PARIS

BOIS DE BOULOGNE ET DE VINCENNES

Parcs — Squares — Boulevards

Par A. ALPHAND

Inspecteur général au Corps des Ponts-et-chaussées, Directeur des travaux de la Ville de Paris.

Ouvrage illustré de Gravures sur acier, de Chromolithographies et de Gravures sur bois. — Dessinées par MM. G. DAVIOUD, architecte en chef; — HOCHEREAU, architecte; — A. DE BAR, — LANCELOT, — CLERGET, — GRANDSIRE, — WEBER, — J. GAILDREAU, — FAGUET, — LAMBOTTE, — FREEMAN, — PIZETTA, etc., etc.

Conditions de la vente : L'ouvrage paraîtra en 75 livraisons environ; le prix de souscription est par livraison de **5** fr.; des exemplaires de luxe, tirés sur papier de Hollande, se vendent au prix de **10** fr. la livraison. — Un franc en sus pour l'envoi *franco* en France, en Belgique et en Suisse. — Le prix de l'ouvrage *complet* sera mis à **500** fr. pour l'Édition ordinaire, et à **1000** fr. pour l'Édition sur Hollande, dès que la publication aura complétement paru (en Septembre 1872).

Cette publication n'est pas seulement une *description illustrée* des Promenades de la ville de Paris et des ouvrages d'architecture qui les décorent; c'est un traité complet, théorique et pratique, de l'*Art des Jardins publics*, branche spéciale et en grande partie nouvelle de l'horticulture d'agrément. Elle a pour but d'initier les PROPRIÉTAIRES de Parcs et Jardins, les INGÉNIEURS, les ENTREPRENEURS, les ARCHITECTES, les FABRICANTS des diverses branches de l'Horticulture, les HORTICULTEURS, et surtout les ADMINISTRATIONS PUBLIQUES des villes, à tous les procédés et à tous les détails d'exécution de la transformation mémorable de la ville de Paris. Elle est un souvenir pour tous ceux qui ont vu Paris dans sa splendeur avant les siéges de 1870 et 1871.

L'ouvrage comprend les types des nouveaux boulevards, les plantations, kiosques, appareils d'éclairage et les fontaines qui les décorent; les égouts, les conduites d'eaux, les instruments d'arrosage et de nettoyage qui servent à leur entretien. Il indique le chiffre exact des frais de premier établissement et d'entretien des boulevards et des jardins publics de la capitale, et le budget complet des bois de Boulogne et de Vincennes, des parcs de Monceaux et des Buttes de Chaumont. Aux plans généraux, très-exacts, des bois et des parcs, sont annexés les détails de la construction des routes, des lacs, des grottes et des ponceaux, suivis des dessins des cafés-restaurants, abris, maisons de gardes, kiosques.

Il contient un chapitre très-détaillé sur les jardins, les petits parcs et les squares, accompagné de plans, de dessins, de profils et de vues à vol d'oiseau; les détails des grilles de clôture, les dessins des grottes, des pavillons, et ceux des siéges, des bancs, des candélabres, etc.

Sous le titre : *Le Fleuriste de la ville de Paris*, un chapitre très-détaillé est consacré à la description d'un grand nombre de plantes, d'arbres et d'arbustes récemment acclimatés qui figurent dans l'ornementation végétale des promenades. Le tout est accompagné de nombreuses vignettes et de gravures en chromolithographie, représentant les plantes les plus remarquables.

Enfin l'introduction sera une Monographie de l'**Art des Jardins,** publiée par M. ALPHAND, l'éminent Ingénieur qui, depuis l'origine, a conçu les plans et dirigé l'exécution des Promenades de la ville de Paris.

MANUEL DE CUBAGE

ET

D'ESTIMATION DES BOIS

FUTAIES, TAILLIS, ARBRES ABATTUS OU SUR PIED

NOTIONS PRATIQUES

sur le Débit, la Vente et la Fabrication de tous les produits des Forêts

TARIF DE CUBAGE DES BOIS EN GRUME OU ÉQUARRIS

TABLES DE CONVERSION

A l'usage des Propriétaires, Régisseurs, Maîtres de forges, Marchands de bois,
Administrateurs de forêts, Gardes particuliers, Gardes forestiers et Gardes-Ventes

par A. GOURSAUD

Ancien élève de l'École impériale forestière.

Un beau volume in-18 de 180 pages. — Prix: relié, 1 fr. 50 c.

Deuxième Édition.

L'intérêt de cet ouvrage consiste surtout en ce qu'il résume d'une manière complète les études théoriques et pratiques sur le *cubage* et sur l'*estimation* des bois. Il est d'un usage facile, et son petit format, étant relié, permet de le porter toujours sur soi en forêt.

La *Revue des Eaux et Forêts* en a rendu compte dans les termes suivants:

«La première partie du *Manuel de cubage*, de M. Goursaud, comprend la description des instruments employés au mesurage des bois, l'exposition des diverses méthodes de cubage, la comparaison des résultats obtenus; tout cela est très-simplement dit, l'algèbre est employée avec une louable modération, et seulement dans les cas où on ne saurait s'en passer.

«M. Goursaud n'expose aucune nouvelle méthode. Comme un praticien consommé, il sait que le cubage se fait en vue d'estimer les bois afin de les vendre, et il en conclut naturellement qu'il faut que le vendeur emploie les mêmes unités que l'acheteur; aussi ne cherche-t-il pas à apporter dans ses calculs une approximation supérieure à celle qu'exigent les usages commerciaux. Il explique fort nettement les procédés usités, laissant à chacun le soin de choisir, suivant les circonstances, celui qui doit être employé. Cette première partie contient, en outre, des indications fort utiles sur le débit des bois d'œuvre et de chauffage, sur la densité et la caloricité des bois et des charbons.

«La seconde partie du Manuel est consacrée aux estimations. Elle contient, en outre, les tarifs et les explications qui les précèdent. Quatre tarifs distincts donnent le moyen de faire sans calcul le cubage des bois, en grume, au quart, au sixième et au cinquième. Deux tables donnent le volume des pièces équarries et des cônes, et deux tables de conversion servent à passer du volume en grume au volume au quart, au sixième et au cinquième, et des mesures nouvelles aux anciennes, et réciproquement.

«Quand j'aurai ajouté : c'est clair, net et d'un usage commode, j'aurai fait le plus bel éloge que puisse mériter un livre de ce genre.

«A l'aide de ce Manuel, tout homme comprendra aisément la théorie du cubage et sera tout de suite en état de passer à l'application.»

J. ROTHSCHILD, Éditeur, 13, Rue des Saints-Pères, Paris.

LE GUIDE

DU

CHASSEUR

DEVANT LA LOI

Recueil des lois, ordonnances et circulaires ministérielles avec les dispo-
sitifs, par ordre alphabétique, de toutes les décisions rendues en matière de chasse depuis le 3 mai 1844 jusqu'à ce jour

Par F. TÉCHENEY

Rédacteur au journal *la Gironde*

1 vol. in-18, relié. Prix, 2 fr. 50 c.

La loi du 3 mai 1844 sur la police de la chasse est sans
contredit une des lois usuelles les plus importantes, parce
qu'elle renferme le plus de controverses soit en doctrine,
soit en jurisprudence; et bien que les commentaires et
traités sur cette matière soient nombreux, les derniers
venus, profitant des travaux et de l'expérience de leurs
prédécesseurs, ont par la date seule de leur apparition une
présomption de supériorité. C'est par là que le guide du
chasseur devant la loi, de M. F. Téchency, volume très-
complet et très-portatif, se recommande d'une manière
toute particulière non-seulement aux jurisconsultes, mais
encore aux amateurs de la chasse, aux fonctionnaires de
tous ordres : préfets, maires, adjoints, gardes-cham-
pêtres, gardes-forestiers, gardes particuliers, etc., etc.,
qui tous peuvent y puiser d'utiles enseignements.

L'ART DE PLANTER

TRAITÉ PRATIQUE
SUR L'ART
D'ÉLEVER EN PÉPINIÈRE ET DE PLANTER A DEMEURE
TOUS LES ARBRES FORESTIERS
les Arbres fruitiers et d'agrément

PRÉCÉDÉ D'UNE INTRODUCTION SPÉCIALE POUR LA FRANCE

PAR LE BARON H. E. DE MANTEUFFEL
Grand maître des forêts de Saxe

Traduit sur la troisième édition allemande par I. P. STUMPER
Accessit forestier à Luxembourg

REVU PAR L. GOUËT
Sous-Inspecteur des forêts, Directeur de l'Établissement d'arboriculture pratique de Vilmorin aux Barres.

A l'usage des Ingénieurs, Pépinieristes, Horticulteurs, Propriétaires de parcs et de bois, Agents forestiers, Régisseurs, Administrateurs de forêts, Gardes forestiers, Gardes particuliers, etc.

Un vol. in-18 orné de 16 vignettes

Prix : relié, 2 francs.

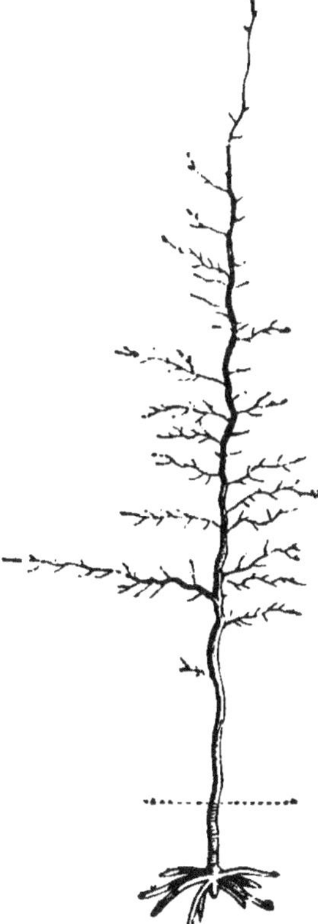

A une époque où la culture des plantes ligneuses est, en France, l'objet d'une faveur de plus en plus marquée, nous croyons rendre un service véritable en publiant la traduction de la troisième édition du remarquable ouvrage allemand du baron de Manteuffel, sur l'art des plantations.

Qu'il s'agisse de planter par trous ou par buttes, par buttes surtout, d'étudier l'élève des plants en général, de créer des pépinières fixes ou volantes, de préparer le terrain, de choisir la saison la plus favorable, etc., etc., tout ce qui tient, en un mot, *à l'art de planter* les Arbres forestiers, fruitiers et d'agrément est indiqué dans cet ouvrage en un langage simple, clair, précis et accessible à tous.